U0051653

세븐 테크
3년 후 당신의 미래를 바꿀 7가지 기술

改變人類未來的七大科技革命

SEVEN TECH

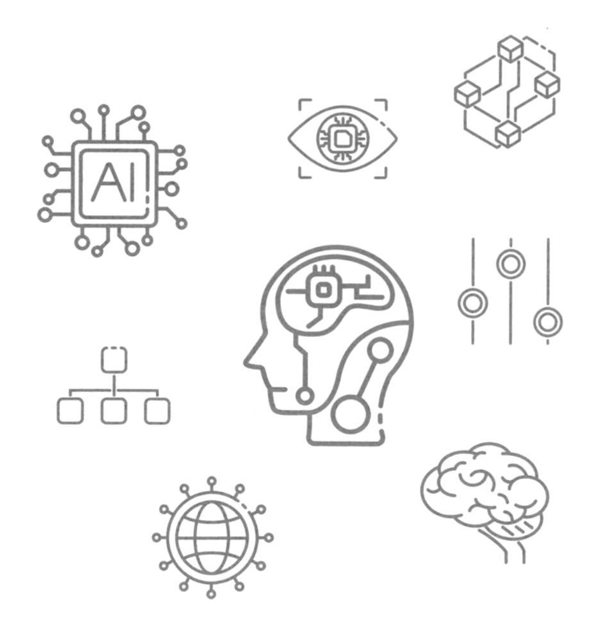

八方出版

金美敬｜金相均｜金世奎｜金昇柱｜李京全｜李翰柱｜鄭智勳｜崔在鵬｜韓載權 著
馮燕珠 譯

SEVEN TECH

prologue

將七大科技帶入生活，夢想嶄新的未來

二〇二二年對我來說是特別的一年，因為身為講師已經整整三十年了。我經常這樣定義我的工作：「先努力生活，再牽引某人」，我認為與人們分享自己身體力行，經過無數次碰撞、破碎後獲得的人生智慧和熱情，才是「講師」這份工作的真諦。對於與生俱來就坐不住、愛管閒事的我來說，這是非常適合我的終身職業。

然而就在二年前的冬天，我遭遇到了最糟糕的危機。因為新冠疫情爆發，讓所有課程一瞬間消失。本來以為疫情很快就會過去，所以一開始還覺得老神在在，但一個月之後，我本能地察覺到，再這樣下去，不僅我的職員們，連我自己都難以養活，但我沒有時間抱怨眼前的狀況，必須趕緊振作起來。

於是我每天埋頭學習。以前每當出現危機時，拯救我的總是「學習」。這次為了在危機中尋找隱藏的機會，我閱讀了無數的書籍和報章雜誌，在尋找專家的過程中，我反覆徵詢，在無法直接接觸的情況下，要如何再次與人建立聯繫，如何讓我和我的公司繼續運作，我努力尋找著答案。

在學習世界演變的過程中，我發現了驚人的事實，就是當我在線下世界經營事業之際，其實世界的金錢已經流到線上了，我的事業面臨「絕路」是預料中的事，只是因為新冠肺炎而提前了時間。更令人驚訝的是，已經超前進入數位世界的人們，在新冠肺炎的世界中反而瞬間增長了數倍。就在我滿足於眼前的成就時，那些人已經移居到全新的「網路新都市」中，而且片刻就形成巨大的差距，就連此時此刻也是。

《金美敬的 Reboot》（暫譯，2020）一書，就是在瞭解這一切真相後，為了趕上這些真相而記錄旅程的書。在寫那本書時，隱約想起的教育課程就是「七大科技 2022」。因為這是因新冠肺炎提前十年以上的世界，是生活在「網路新都市」的必修課。AI 人工智慧、區塊鏈、元宇宙、AR ／ VR、雲端運算、物聯網、機器人學等各項技術對我們的職業、生活方式、教育、投資等會產生什麼樣的影響，為此我們現在應該如何做準備，具體的洞察力和解決方案非常重要。

只有瞭解七大科技，才能企劃新的商業模式，為垂死的商業注入新的想像力。另外，還可以預測投資的方向，也可以規劃孩子的未來。如果學習七大科技，在現實中可以解決一百倍的問題。很明顯的，是否了解七大科技，在今後十年會創造巨大的差距。那一瞬間，對 MKYU 終身教育學院的學生的擔心再次湧上心頭，這麼重要的知識不能只有我一個人知道。

但是，剛開始提到七大科技課程的想法時，連我們的職員都摸不著頭腦。

「像我們這些三十～五十歲的女性，對 AIAI 人工智慧、物聯網、雲端運算會有興趣嗎？會不會太難了？」

「不是要你聽完講座後就成為科技專家。但唯有瞭解最基本的科技，才能想像我們以後在數位世界裡可以做什麼，只有知道多少才能看到多少、想像多少。」

我們生活在要知道什麼才能做夢、絕對的學習量成為夢想大小的時代。這時職員們才開始理解我為什麼要開設這項課程。當然，他們的擔心也有道理。因為基本上科技本身就很難，所以只能找最容易說明這一點，並能與日常生活連結在一起的專家。當時我第一個想到的就是 DGIST（大邱慶北科學技術大學）的鄭智勳教授。我見到的所有專家一致表示，雖然從未見過面，但能綜合所有技術，同時向大眾說明的人只有他。

幸運的是，鄭教授也對將科技與一般人生活相結合的「七大科技 2022」課程宗旨表示認同，並積極參與其中。在邀請教授和講師團時，不斷談到兩個條件，他們必須是各領域實力最強的專家，同時又可以用最簡單、最大眾化的方式說明。多虧了鄭教授，讓我們可以邀請最優秀的專家，在韓國國內誕生了「最早的科技講座」——「七大科技 2022」。

鄭智勳教授明確的定義道：「七大科技就是教育工學院。」

也許是因為這樣的真心相通，僅僅五個月就有近三千多名熱情學員一起上了「七大科技 2022」的課程。「將未來科技帶入現實生活，夢想嶄新的未來」，MKYU 完成了任何大學都沒能做到的事情。不是對趨勢敏感的二十多歲，而是似乎與技術距離最遠的三十到五十多歲的女性們，有數千人上課，討論 AI 人工智慧和區塊鏈，並且講述了這個課程如何改變自己的生活，有不計其數的媽媽回去告訴十多歲的孩子什麼是 NFT 和元宇宙。原本是對未來技術非常生疏的一群人，非常感謝他們相信我並向我伸出手，多虧了他們的熱情，「七大科技 2022」才能更進一步以精彩的文字書籍面世。

謹在此向一同準備課程的鄭智勳教授、李京全教授、金昇柱教授、金世奎代表、韓載權教授、崔在鵬教授、李翰柱代表、金相均教授致上最深的謝意。另外還要感謝默默地在背後工作的 MKYU 所有夥伴，讓最好的教育工學院誕生，包括內容指導總監韓藝娜以及製作人宋希恩。也感謝欣然表示要將該課程製作成書的熊津 Think big 的單行本事業本部長申東海，以及金東華、尹智允編輯。

兩年前的冬天，我無法向任何人伸出手，當時我的手非常冰冷，因為我自己一個人也難以承受。但是經過努力學習，在網路上活動，體溫變暖後，讓我得以再次牽起無數人的手。今後即將到來的元宇宙和Web 3.0，將創造與對技術的理解程度一樣更大的社會差距。那時是要當個只會發洩不安和不滿，還是用熱情創造新的未來的人？或者，如果還有餘力的話，是否可以成為牽著身後某個人的手的人呢？那都是各位自己的選擇。真心祈禱在二〇二二年用這本書完成只屬於各位溫暖的「Meta-dream」。

2022 年 1 月

金美敬

contents

contents

Lesson 1

鄭智勳

未來學者・IT融合專家

超越想像的IT技術
「七大科技」

如果說每件事都必須詳細制定計畫並照表實施的人是「規劃師Planner」，那麼，引領創新或發明，並能享受其中的人則是「駭客Hacker」。

真正的駭客精神是比起長篇大論，制定嚴謹計畫，更樂於創造革新並可立即實踐的文化。

衡量未來世代的「七大科技」（Seven Tech）就是駭客文化（Hacker Culture）。

是眼睛閃閃發光充滿好奇心的人們率先踏入的世界，是超乎想像的IT技術所描繪的新世界。

只有了解循環的巨輪才能看見未來

想要展望未來，必須先瞭解世界運轉的巨大循環。「七大科技」這個未來已經迫在眉睫，為了正確了解其中內涵，我們必須先知道在七大科技開始之前，技術、產業、文化和歷史發展的面貌。

為此，本章將從七大科技的起始點——矽谷出發。位在美國西部的矽谷，現在可說是眾所周知代表性 IT 企業聚集的地方，但在二十世紀後期之前，美國歷史上的重大事件大部分都發生在美東地區，紐約、波士頓、費城、羅徹斯特等位於美國東部的城市，才是當時美國工業的心臟。

大多數企業以美國東北部地區為基礎發展，並在二十世紀初的自由競爭中獲勝，確立了作為大型企業的強大地位。現在我們對矽谷給予高度評價，但在二十世紀初期到冷戰時代，引領美國的並非矽谷的 IT 企業，而是規模巨大的製造業。他們經歷第二次世界大戰，經歷過與國家共懸一命的階段，直到冷戰時期，一直都左右著國家核心產業的走向。在當時表現最好的是汽車製造業，如 GM、福特、克萊斯勒等，在資訊產業領域稍微嶄露頭角的只有 IBM、AT&T、全錄（Xerox）。這些企業組成以龐大的官僚體制為基礎的組織，擴張了像政府一樣強而有力的管理文化，創造並享受繁榮。

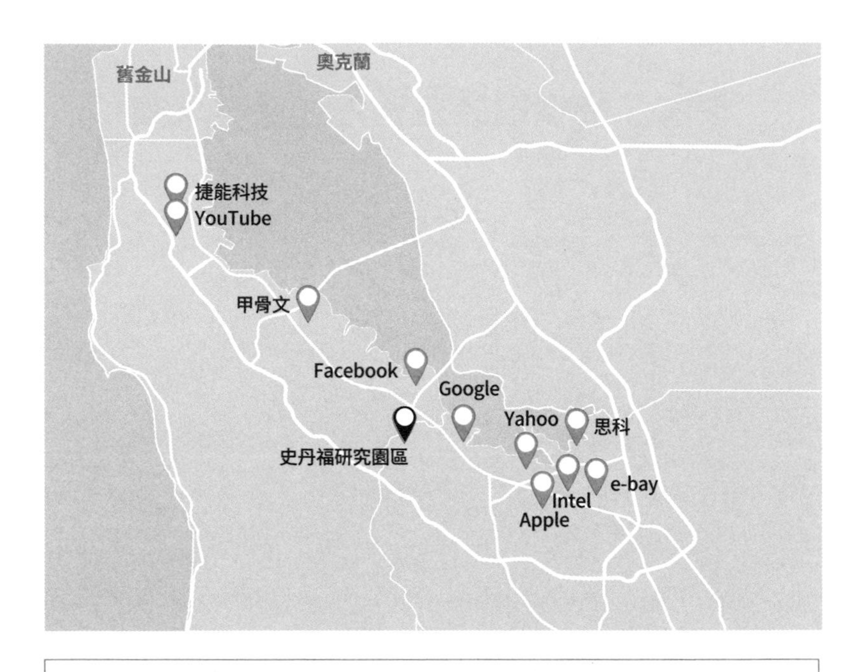

位於美國加利福尼亞州舊金山灣南端的矽谷產業園區。

那麼現在受到關注的矽谷是從什麼時候開始崛起的呢？這與冷戰有著密切的關係。一九四〇年代，前蘇聯和美國的矛盾達到頂點，當時美國最擔憂的，莫過於蘇聯擁有州際彈道飛彈。一旦蘇聯發射飛彈，目標十之八九會落在美國東部的紐約或華盛頓 DC。由於導彈路徑顯然會經由阿拉斯加及美國西北部，以美國的立場來說，必須先發制人在西部展開部署，也就是西雅圖到聖地亞哥的西部沿線一帶。因此，在聖地亞哥有海軍艦隊，而西雅圖則有波音（Boeing）、麥道（McDonnell Douglas）等航空器、戰鬥機製造企業，以此建造了從西雅圖到科羅拉多州的防衛線。

當時，為了培養產業人才也付出不少心力，主要的人才培育中心就在加州的史丹佛大學。擁有一百三十多年歷史的史丹佛大學在初期主要以礦業或農業方面占優勢，但在冷戰時期逐漸轉變為培養尖端技術人才的學校。除了產學合作，同時也進一步鼓勵研究室創業文化，因此在一九三九年誕生了世界最早的創投公司——惠普（HP）。由惠普開始，英特爾（Intel）、蘋果（Apple）等現在響噹噹的企業陸續登場，矽谷名符其實獲得今日「尖端科技的搖籃」的地位。

打造矽谷的最大功臣——
反文化（Counter culture）

事實上，矽谷之所以在美國西部地區崛起，文化影響也很大。與東部地區截然不同的西部地區特有的創新文化造就了今日的矽谷。在東部地區以製造業為重心的情況下，有著一種上命下從的軍隊文化；反過來，在西部地區則有著對既有的傳統文化進行反抗的意向。意即，緩緩地點燃了能夠萌發新 IT 技術的文化基因——創意性和革新性。這便是為何 IT 技術不是在東部，而是在西部更能繁榮發展的背景。最適合說明美國西部創新文化氛圍的概念就是「反文化」（Counter-culture），這是指對抗和拒絕現有社會支配性價值體系或文化。從一九六〇年代開始發展，否定既成的社會觀念和價值觀，主張恢復人性、回歸自然的「嬉皮」（Hippie）

就是代表性的反文化之一。嬉皮們拒絕現有社會文化的表現，有留長髮、過著流浪的生活，並建立自己的小型共同體社會——公社（commune）。他們重視尋找「真正的自己」，因此鼓勵使用大麻和 LSD 迷幻劑等藥物，並對東方神祕主義表現傾慕。包括嬉皮文化在內的各種反文化以舊金山和洛杉磯為中心蓬勃發展。接下來我們就從美東和美西的社會、經濟背景來進一步探討。

在大型製造企業為主發展的美東地區，以在穩定的大企業工作的白人男性為中心，逐漸形成了中產階層、父權文化等社會形態。他們累積經濟上的財富，逐漸開始向郊區大規模移動，以追求更好的生活品質，市中心反而成為沒有經濟能力的黑人聚集地。最具代表性的就是紐約的哈林區（Harlem）。隨著這種父權文化和種族導致的貧富差距越來越大並形成固定常態，更進一步加深了種族矛盾和女性歧視。

在這樣的背景下，下一代開始反抗。他們的子女反對以父權為中心的既有文化，拓展新的思維，這股熱潮的中心就在美西地區。這個時期的青年埋首於商業化帶來的自由和快樂，將接受既有社會價值和規範視為屈從和奴隸化，同時積極表現出對冷戰體制和核戰的反感。當時他們展開的行動有嬉皮文化、LSD（迷幻藥）的流行、公社運動、言論自由、消費者運動、黑人人權運動、女權運動、同性戀解放、反對越戰等多種形態。而隨著包含了各式各樣運動的反文化逐漸以美西為中心構築的同時，許多新技術的需求也增加。

引領今日的三大IT企業——蘋果、微軟、谷歌的創辦人史帝夫·賈伯斯（Steven Paul Jobs）、比爾·蓋茨（Bill Gates）、艾瑞特·施密特（Eric Emerson Schmidt），三人都是一九五五年出生。在一九七〇年代反文化高峰期，當時正值十幾二十歲的他們當然也受到這種社會氛圍的衝擊。尤其是賈伯斯當時對嬉皮文化非常著迷，在反文化熱潮中度過青年時期的他們逐漸成長為社會中堅，並積極接受新的技術。

在當時的氣圍中，他們的技術必然包含了自己的哲學。這就是為什麼我們不能單純從技術層面來說明，為什麼新科技都來自美國，特別是誕生於矽谷的原因。

文化造就技術，技術造就文化

IT技術的發展不僅對工業方面產生影響，對人們的生活方式和文化、想法和思維也造成巨大的衝擊。可以先回顧一下，韓國在一九九〇年代個人電腦和超高速網路普及化的情景。當時人們之間最流行的名詞不外乎都與「網路」（Cyber）有關，生化人（Cyborg）、網路空間（Cyberspace）、電子貨幣（Cybermoney）、網路遊戲（Cybergame）……許多技術用語前面幾乎都冠上網路（Cyber）。但是現在網路這個名詞在某種程度上有些土裡土氣、老套的感覺，曾經擁有最尖端地位的名詞，現在幾乎已經到了壽終正寢的時候。儘管如此，正確理解「網路」一詞的人並不多，以下就來分析一下網路誕生的意義。

Cyber 一詞源自於 Cybernetics「模控學」（關於人與其他有機體、機器相互控制和通信科學研究），首次提出此概念的人是美國數學家諾伯特·維納（Norbert Wiener）。他於一九五〇年發表《The human use of human beings》一書，這本書的副標題就是「模控學與社會」（Cybernetics and Society）。內容是說明網路如何與文化連接並發展，「模控學」就是對生物和機器進行控制交流的理論如何擴及社會。

在社會上，人與人之間的溝通和相互控制需要法律、制度和習俗，而這本書將模控學中出現的各種理論擴大運用到社會組織或社會交流。當然，裡頭也包含了作者對與文化相關部分的豐富想法。例如，將模控論（Cybernetics）與生物學（Organism）相結合成為「賽博格」（Cyborg），也就是「生化人」，即在人類身體上合成機器製造出來的生物。原本這個概念是為了把人類送上太空而設計，將人類身體脆弱的部分強化。

模擬網路時代的終結

在生化人一詞出來之後，網路與人類大腦相連的概念開始擴散。一九六八年九月《全球概覽》（Whole Earth Catalog）雜誌開始發行，內容在介紹全世界各式各樣的新產品，以自給自足、生態學、另類教育（Alternative

Education）、整體論（Holism）等嬉皮文化主要思想為基礎，刊登相關報導和專欄。另外，該雜誌也報導了當時服用 LSD 者所追求的「意識的擴張」，巧妙地連接網路技術概念。

於是，嬉皮們也開始透過《全球概覽》共享日常的各種訊息和商品，這對嬉皮的交流帶來很大的作用。據說，著迷於嬉皮文化的賈伯斯把這本雜誌當作聖書，時常閱讀。而且該雜誌也呈現出一種文化運動的形態，代表性的事件就是「藍色彈珠」（Blue Marble）。在韓國有一款知名的桌遊也名為「Blue Marble」，這名詞原本是具有「藍色地球」的意思。《全球概覽》第一版以美國太空總署「NASA」拍攝的完整地球照片為封面。NASA 初期並未向大眾公開這張照片，而當時嬉皮主張「地球是我們所有人的」，展開要求著作權公開的公眾運動，讓我們得以看到這張照片。

當然，《全球概覽》的時代現在已經結束了。隨著網路連接世界，這類型雜誌發揮功能的時代已經過去了。就在時代變化即將到來之際，《全球概覽》於一九七一年六月發行了最後一期，當時在封底刊登了以下文字：

Stay hungry. Stay foolish.（求知若飢，虛心若愚）

這句話經由賈伯斯在史丹佛大學畢業典禮演講時提到而聞名，但實際上原始出處是《全球概覽》的最後一期雜誌封底。賈伯斯在演講中表示，在以科技為中心，社會面臨重組的此刻，畢業生們即將成為這個社會的一員，最重要的資本，就是始終保持「飢餓」狀態，以及「對學習的正直態度」，因而引用了他所喜愛的雜誌上刊登的一句話。

我們大概瞭解了與矽谷相關的社會經濟歷史和文化特性，除此之外，在矽谷的歷史中，網路和 Windows 的誕生開啟 IT 時代以來，還有很多有趣的故事。在故事之外，我們要記住一點，文化、歷史、技術的發展密不可分，它們就像是在循環巨輪中同時運作的發條一樣。

那麼接下來就讓我們來瞭解創造這個循環巨輪的變化，並延續到今天的「七大科技」。

PC、Windows、網路引發的知識革命

這個循環巨輪的第一個週期，大概是指從電腦普及化到超高速網路出現為止，也就是一九八〇年代末到兩千年代末，代表人物有賈伯斯和比爾蓋茲，他們聯合創造的這個週期可以稱為「PC、Windows、網路」週期。

個人電腦普及化大概是從一九八〇年代後期開始。在此之前，電腦和 IT 技術仍屬於大型企業。但是，隨著個人電腦供應增加，普及速度變快，蘋果和 IBM 等電腦製造商得以乘勝追擊。同時，有了硬體當然還需要相對應的軟體，於是微軟（Windows）就出現了。

微軟在一九八〇年代先開發出 MS-DOS 系統，成為電腦操作系統的代表，不過一直到一九九五年推出「Windows 95」作業系統，才算是真正登上世界頂峰。

Windows 95 與原本的 MS-DOS 不同，並非以文字輸入式命令，而是引進了點擊圖示、拖曳、多工處理等概念，在使用電腦的便利性和穩定性上帶來大規模的革新。Windows 95 上市後立刻獲得爆發性的人氣，很快就掌握了全世界電腦作業系統市場近百分之九十九的占有率，微軟等於成為業界第一把交椅。與此同時，硬體市場則被英特爾占領。比起 IBM 和蘋果擁有自己獨立的作業系統，標榜提供啟動 Windows 的最高品質半導體晶片的英特爾，開始迅速崛起。

於是電腦和軟體開始改變世界。當時電腦的核心軟體是 Word、Excel、PowerPoint 等大部分都是 Office 系列產品，但這些軟體最初只提供企業和學生使用，並不符合一般人經常使用需求。後來終於出現以一般大眾為主的服務，也就是一九九〇年代末與超高速網路一起登場的網際網路服務。今日我們所熟悉的谷歌（Google）、韓國主要入口網站 Naver、Daum 等都是在這個時期出現，任何人都可以透過這些入口網站搜索獲得任何資訊，換句話說，知識革命正式展開。

智慧型手機和社群媒體創造的手機革命

接下來進入第二個週期，在這個週期的主角就是智慧型手機和社群媒體（Social media），換句話說，就是進入了「行動通訊週期」，智人（Homo sapiens）成了「智慧手機人」（Homo smartphonicus）。具體開始的時間可以視為從二〇〇七年開始。實際上在二〇〇七年初，智慧型手機的銷量並不多，但到了二〇〇九年，以蘋果推出的智慧型手機 iPhone 為例，全球年銷量達到二千萬支。當時 iPhone 也進入了韓國，只是大部分的人都沒有想到智慧型手機會在我們的生活中掀起劃時代的移動革命。

二〇〇九年全球智慧型手機累計銷售量為三千萬支左右，但同期電腦的銷售量達到數億台，因此在當時從銷售量來看，沒有人會想到智慧型手機在今日會改變世界。當時，韓國 LG 電子委託麥肯錫顧問公司（McKinsey & Company，以下簡稱麥肯錫），針對智慧型手機登場後企業的應對措施進行研究，當時麥肯錫對智慧型手機的前景多少持否定態度。同時，當時 LG 電子推出的 2G 手機（功能型手機）「巧克力機」和「PRADA 機」成功大受歡迎，因此 LG 並未積極投入智慧型手機事業，而是更注重在既有手機的外觀設計方面。結果如何呢？眾所周知，由於當時的決定，使得 LG 錯過了市場趨勢，最後在二〇二一年黯然宣布完全放棄智慧型手機事業。

那麼，在第二個週期中崛起的企業是誰？這個時期，在由智慧型手機發展出的市場中掌握主導權的兩家公司成為世界頂級企業，就是蘋果和谷歌。在此前居領先地位的是微軟。另外，像高通（Qualcomm）則在硬體市場崛起。進入行動通訊時代，智慧型手機所需硬體晶片也變得更加重要，於是，製造智慧型手機內建半導體晶片的高通很快便超越了英特爾。

改變產業霸權的巨大週期

從二〇〇七年開始的第二個週期到現在已經超過十五年了，如果一個週期以二十年計算，那麼現在應該到了第三週期，但目前世界仍處於第二週期的高峰，智慧型手機衍然成為幾乎無所不能的工具。從目前的排名來看，在韓國，通訊軟體 Kakao 超越了 Naver；最近改名為「Meta」的臉書（Facebook）、抖音（TikTok）等社群媒體的地位日益提高，我們現在正處於巨大的變化之中。

下面所附的圖表，是比較蘋果和微軟的市價總額變動趨勢。在一九九〇年代初期，兩家企業的市值總額相差無幾。但是隨著時間的推移，可以看到兩家企業的差距越來越大。在微軟蒸蒸日上的過程中，蘋果卻是急轉直下。

在第一個週期中，微軟是名副其實的最佳企業。但是從兩千年代初期過後，蘋果開始逐漸上升，二〇〇七年左右，

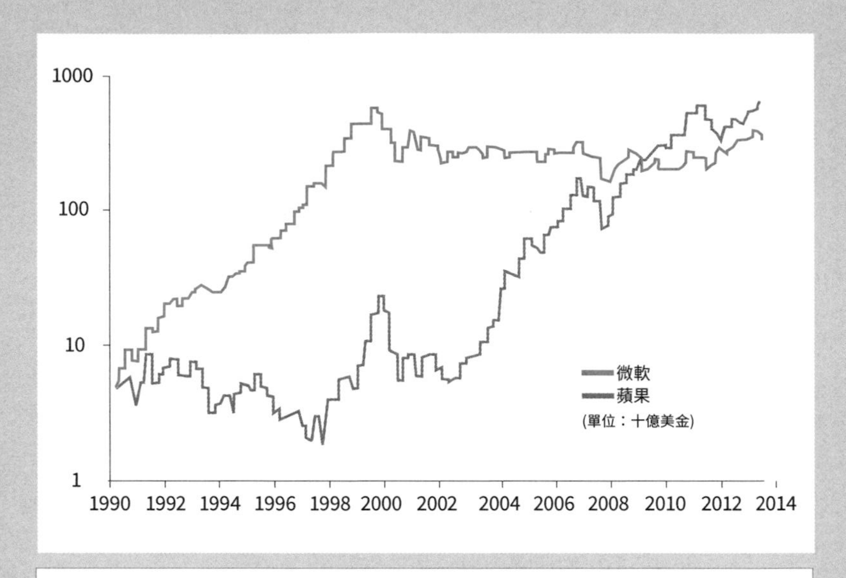

蘋果與微軟的市值變動趨勢

高通與英特爾的市值變動趨勢

蘋果急起直追，到了二〇一〇年，終於出現了「黃金交叉」，蘋果奪下世界第一企業的位置。

接下來再比較一下高通和英特爾的市值。直到兩千年代中期為止，大家都認為高通不足以與英特爾進行比較，事實上也是如此，在二〇〇七年行動通訊週期開始之前，兩家公司根本就無從比較，但是隨著智慧型手機銷量的增加，差距逐漸縮小。二〇一〇年，智慧型手機銷售量破億，高通跌破眾人眼鏡，超越了英特爾。從這兩個圖表可以看出，二十年的週期，足以讓整個產業的霸權易主。

IT革命的序幕早已展開，七大科技

現在該正式來談論七大科技了。七大科技是指從二〇二〇年開始嶄露頭角的第三週期核心，這七種科技比之前更具革新性改變的力量。這七大主角分別為雲端運算、物聯網、AI 人工智慧、區塊鏈、機器人學、擴增實境與虛擬實境（AR ／ VR）、元宇宙，當中又以元宇宙扮演核心角色。不過，在說明七大科技之前，必須先分析一下這個週期時間上的問題。

從前面可以看出，改變世界的週期大約是以二十年為一個循環，一九八〇年代後期開始的「PC、Windows、網路週期」和二〇〇七年開始的「行動通訊週期」之間存在了二十年以上的差距。為什麼需要二十年的時間才能開啟新世界呢？最主要的原因是硬體的普及。無論哪一種技術，要想成為市場主流，硬體價格必須下降、供應來源易取得且穩定。同時，人們也需要熟悉使用新的軟體，人們的習慣會隨之改變，再加上與其他各種技術相結合，這些無論如何都需要時間，技術發展再快速，經濟與其他各種條件的支持也很重要。

以這樣的循環步調來看，第三個週期預計最快也要到二〇二五年左右才會開始，但現實中七大科技的週期已提早五年的時間，從二〇二〇年就已經開始了，為什麼會這麼快？原因正是新冠疫情的大流行，新冠疫情加速了世界進化的時鐘，以七大科技為中心的 IT 革命提早揭開序幕。現在的問題是，誰可以先站上這一嶄新而巨大的浪潮頂端。

在這巨大的浪潮之上，臥薪嚐膽、孤軍奮戰的微軟站在上面。在第一週期中居領先地位的微軟，在第二週期被蘋果和谷歌奪走了位置。二〇一四年，微軟新上任的四十多歲年輕 CEO 薩蒂亞・納德拉（Satya Nadella）開啟了全新的局面。之前，微軟的 CEO 是比爾蓋茲在哈佛大學的同學史蒂夫・巴爾默（Steve Ballmer），他具有領袖魅力和出色的能力，但在解讀時代趨勢方面顯然表現並不好。

新的 CEO 納德拉上任任後，替微軟勾勒出兩個新的未來展望，一個是雲端服務，微軟提供名為「Azure」的公共雲端服務平臺，向一直霸佔雲端服務市場龍頭的亞馬遜（Amazon）發出挑戰書。

第二個是混合實境 MR（Mixed Reality）。七大科技之前的 IT 技術，是在物理世界增強現實，也就是具備了擴增實境 AR（Augmented Reality）的特徵（不過，在學術上對 AR 往往視為與前景技術相結合的狹義解釋，在本書中是從數位或 IT 技術在現實世界中的可行層面，將其與虛擬實境作為對比來看，特此說明，希望不要造成誤會），不管怎麼解讀，總是朝著讓物理世界變得更好的方向發展。相反地，也有像電腦遊戲一樣，在原本的數位世界中建立物理體驗基礎，讓想像能有如同現實一樣感受的技術，就是虛擬實境 VR（Virtual Reality）。

如果物理世界和數位世界分別在兩端，朝中央前進，最終勢必會交會。將此視為一個巨大的光譜，就是「混合現實 MR」。現實世界必然是朝著與數位世界融合的方向進化，因此微軟的第二個未來藍圖，就是要為這個新世界做準備。

當然，目前誰也不知道微軟為新時代會做出多大的貢獻，但是透過描繪的藍圖，微軟正在克服過往的失敗，創造機會。

數位世界的SOC，「雲端運算」

具體來看構成七大科技的技術，首先要觀察的是「雲端運算」（Cloud Computing）。亞馬遜之所以被評為世界頂級企業之一，就是因為他們最早發展出雲端運算技術。雲端可以說是數字世界的 SOC（Social Overhead Capital，社會分攤資本），現在已進入企業若沒有雲端運算基礎設施，將無法正常提供服務的時代。以雲端運算為中心，可以連接行動裝置、儲存（Storage），伺服器得以強化，還可以使用數據資料庫和各種應用程式。因此，無法正常提供雲端運算服務的企業將很難在競爭中生存下來。

在雲端運算領域居於領先地位的可以說是亞馬遜，緊跟在後的就是前面提到的微軟，第三是谷歌。目前，這三家企業正在不斷努力研發相當於數位世界 SOC 的雲端運算技術。

連接數位和現實的「物聯網」
創造全新價值的「AI人工智慧」

雲端屬於數位世界，那麼自然需要技術讓它與現實世界相連接，而作為連接橋樑的就是「物聯網」（IoT，Internet of Things），就是七大科技中的第二個技術。

提到物聯網時，我很喜歡用北歐神話中出現的「彩虹橋」（Bifrost）來舉例。北歐神話中存在著神的世界「阿斯嘉特」（Asgard）和人類的世界「米德加爾特」（Midgard）。兩個世界包含時間在內的所有法則都完全不同，有一個神連接著這兩個世界，他就是海姆達爾（Heimdallr）。海姆達爾為了連接兩個世界而架起了彩虹橋，這座橋被稱為「Bifrost」，意為「搖晃的天國道路」。

我們可以想像一下當這座橋連接兩端的瞬間會發生什麼事？兩個世界陷入混沌之中，不僅是時間，原本不同的兩個世界因為串連起來而引發了巨大的混亂。但是如果連接兩個世界的橋樑繼續增多會怎麼樣？數位世界與現實世界的連接越緊密，混亂的狀況就會逐漸消失。

換句話說，物聯網是連接數位和現實的橋樑。具體來看，目前在物聯網技術中扮演最大橋樑角色的就是智慧型手機。相信現在大家都已經可以感受到，在我們日常生活中，智慧型手機已是連接生活與數位世界不可或缺的工具了。

接下來介紹七大科技裡的第三個技術，就是提升數位世界價值的「AI 人工智慧」（AI，Artificial Intelligence）。我們在雲端累積數據，利用物聯網獲取數據，最後獲得的是什麼？雖然無法準確說明，但可以確定是有價值的。事實上，我們收集的數據本身單獨來看意義並不大，但是將毫無意義的數據組合創造出新的價值，並且升級價值的技術，就是 AI 人工智慧。

新的經濟基礎設施「區塊鏈」
革新生活的「機器人學」

七大科技的第四項技術與經濟有很大關係。目前，一般虛擬世界和數位世界的交易是分開的，但是未來將成為兩相結合的無限大世界。為此，就需要建立結合數位和虛擬世界的新經濟基礎設施，就是「區塊鏈」（Blockchain）。

特別是隨著元宇宙（Metaverse）的登場，NFT（Non-Fungible Token，非同質化代幣）一詞經常被提起，即具有稀缺性數位資產的代幣，隨著這種技術的出現，可以構建連接數位和虛擬的新經濟基礎設施。

七大科技的第五項技術，是作為現實世界革新技術的「機器人學」。我偶爾還會開玩笑的比喻機器人技術就像放羊的孩子，因為此前，雖然機器人相關技術受到關注，但從未取得正式的成果，也未實現產業化。甚至連機器人技術研究者對現實可能性表示懷疑，但現在時機終於來了，機器人改變世界的時機到了。

通常一提到機器人，第一個會想到擬人形態的人形機器人（Humanoid），但這類型的機器人要發展到商用化還需要相當長的時間。目前機器人市場的年均增長率約為百分之二十到三十，大部分由「掃地機器人」之類的清潔機器人占多數。雖然形態更接近於移動的機器，而不是像人類一樣，但像掃地機器人這樣具備特殊化功能的機器人，對我們的實際生活上非常有用。比起不自然模仿人類的機器人，像這種功能發達、工作效率出色的機器人，將大大改變我們的生活。

未來的介面「AR、VR」
兩個世界完全共存的「元宇宙」

隨著數位世界日益擴張，現在我們需要超越智慧型手機，在更高層次階段與數位世界進行溝通。此時，連接現實世界和數位世界的接口，就是擴增實境 AR 和虛擬實境 VR。

在智慧型手機普及之前，人們要上網必須透過電腦。進入智慧行動裝置時代之後，最大的好處是隨時隨地都可以連接網路。但問題是只能看著小小的手機螢幕用手指滑動，為了克服這個問題，人們決定直接「翻轉」機器。

連接數位世界和虛擬世界的七大科技第六項技術，就是擴增實境及虛擬實境，換句話說，這是連接現實和數位世界的未來「介面」（Interface），Inter 是「介於 A 和 B 之間」，Face 是「臉」。當兩個不同的存在面對面時，相互溝通交流的媒介就是介面。未來的介面技術絕對是 AR 與 VR。

七大科技的最後第七項技術是「元宇宙」（Metaverse）。之前所提到的技術都是加速數位世界和虛擬世界相連的技術，接下來應該談談這兩個世界相連後的世界。我們現在處於數位存在的世界，在這裡可以勾勒出現實生活的藍圖，隨著技術進步，未來將進入現實和虛擬世界共存的世界，有個新名詞，叫做「元宇宙」。如果前述的六種技術彙集在一起，那麼最終就能構成元宇宙。換句話說，七大科技並非各自分開存在，而是彼此可以連接的概念。

從說故事（Storytelling）到生活在故事中（Storyliving）活出屬於自己的故事

七大科技時代到來，人類的文化意識也會發生巨大變化，價值觀會改變，生活重心也會發生變化。觀察到這個現象，盧卡斯影業（Lucasfilm，現已被迪士尼收購，成為迪士尼的子公司）旗下的「光影魔幻工業實驗室」（ILMxLab）的導演薇姬．多布斯．貝克（Vicki Dobbs Beck），對這股技術變化曾做了以下表示：

「隨著故事情節脫離單向，逐漸趨於雙向化，用戶在不破壞基本故事情節本身完整性的情況下，正朝向創造自己故事情節，實際生活在故事中的趨勢發展。」

也就是說，現在我們正從説故事走向生活在故事中的時代。過去我們單方面接收説故事者要傳達的訊息，但是現在我們要以此為基礎創造新的世界，實際生活在故事中。

沒有人能準確預測邁向元宇宙的七大科技革命會發展到什麼程度，唯一可以肯定的是，這必然是一次巨大的創新。希望透過這本書，能讓讀者們進一步理解七大科技，成為樹立自己獨特哲學的契機。

Interview

在想像力引領的未來社會中，擅長數位化的人才是贏家。

金美敬 × 鄭智勳

金美敬　關於改變世界的巨輪的循環週期，讓我留下深刻的印象。第一個週期是一九八〇年代後期，PC、Windows、網路的週期，第二個是二〇〇七年開始的行動通訊週期。如果錯過了第一、第二個週期，現在以七大科技為代表的第三週期，希望大家可以把握並學習。不過七大科技與一般大眾有什麼關係呢？

鄭智勳　以前IT產業可以說是單獨存在的技術相關領域，但是現在不同了，IT產業的技術已成為日常的基本。特別是隨著行動通訊時代的到來，善於運用科技的人和不善於運用的人之間的差距會越來越大。像現在，能不能善用智慧型手機，對我們生活上的影響就日益增大。一般大眾無需完全理解七大科技的技術細節，但還是要有個概念，然後對自己最常用的技術多一點瞭解就值得了。

金美敬　現在像行銷、企劃、人力資源、合作等大部分業務，都需要具備技術相關知識。以韓國來說，目前有哪些結合運用七大科技成功的事例呢？

鄭智勳　相當多。大企業不用說，以「Lunit」為例，這是一家以AI影像技術為主的企業，特別是針對乳癌及肺癌等X光片分析或乳房攝影技術相對於影像醫學科醫師更能夠找出病源。除此之外，韓國的遊戲產業也很強大，不可否認，從說故事到生活在故事中這條全新的道路上，文化傳播的力量不容小覷。

金美敬　在七大科技中，有什麼是目前個人可以馬上運用得到的呢？

鄭智勳　可以嘗試的有很多種，以和元宇宙相關的來說，韓國最大網站Naver旗下的「Zepeto」平臺，已一躍成為亞洲最大的元宇宙平臺，一般人可以很輕鬆加入，創造3D虛擬化身在平臺互動，買賣衣物等。也可以進入遊戲公司「Roblox」，不僅是玩家，也可以成為創作者。另外像通訊軟體Kakao Talk的服務中也有加密錢包「Klip」，用戶在這裡可以透過簡單的安裝進行NFT和虛擬貨幣交易。七大科技都有開發一些技術讓大眾可以嘗試，事實上，在我們不知不覺中早已體驗過的技術也很多。例如韓國的疫苗護照「COOV」，就是以區塊鏈技術開發出來的。

金美敬　對為人父母來說，一定很關心未來面臨七大科技，子女的教育問題該如何解決。目前有關技術教育方面的實際狀況如何呢？

鄭智勳　不久前我才參加過某醫學院舉辦的關於未來教育的研討會，當時我主張，即使在醫學方面，比起背誦和學習知識，能正確了解和運用技術更重要。老實說畢業後，很容易在自己專業以外的知識浪費很多時間，如果能用那些時間進行技術教育，我認為會更有用。包括AI人工智慧或是大數據教育，甚至是人際關係。雖然目前在教育的領域對技術的關注度仍不算太大，但和以前相比，我認為已經產生了很大的變化。

金美敬　我認識的一位畫家目前已使用數位技術作畫，並正在努力學習NFT，研究如何交易自己的畫作，可以說他也是現在才進入數位世界。

鄭智勳　一開始就以數位技術作畫的人已經大幅增加，而原本以模擬實體作品為主的人，也有很多轉換成數位作品來銷售。

金美敬　現在的學生們應該如何準備面對未來的職場呢？

鄭智勳　我認為人不會因為科技發展而失去工作，只是得益於技術進步，提高效率，在人力上的需求可能會減少。新技術的出現，造成某些職業消失，但同時也會出現新的職業類別，因此現在學生可以關注這方面。在面對新的變化時，與其消極的認為會被剝奪，不如積極一點，把這個當作是自我突破的機會。

金美敬　未來顯然是以想像力創造出來的。

鄭智勳　沒錯，現在各個領域的「瘋狂」想像力正大大的發揮作用。例如最近讓我印象深刻的是輔助營養師的AI人工智慧技術，可以在團膳供餐時確認用餐者取走了什麼菜？又留下什麼菜？是以這些數據為基礎調整或開發菜單。這對營養師來說，無疑是非常有用的功能。
進一步就可以想像運用在協助社會福利工作方面，像老年人或身心障礙人士在行動上往往力不從心，如果有相關功能的機器人可以幫忙，一定會有很好的效果。而且在元宇宙中沒有做不到的事。像現代人心理壓力大，心理諮商的需求急速增加，這些諮商也都可以透過元宇宙進行。

金美敬　最近讀了史考特・蓋洛威（Scott Galloway）的新作《疫後大未來》（Post Corona: From Crisis to

Opportunity），作者強烈傳達一個訊息，就是疫情大流行，讓個人、社會、商務等各種趨勢都提前了十年，然而我們的知識是否趕得上？也就是說，教育也必須將十年差距壓縮在一年內才行。

鄭智勳　的確，在本書中雖然提到週期的循環提前了五年左右，但如果新冠疫情的狀況長期發展下去，這一差距可能會拉大到十年，甚至更長。

金美敬　現在我們生活的世界，在技術層面已經進入和以前完全不同的劇變期，為了不要被動地被牽著鼻子走，我們都必須學習新知，能夠比別人更早進入數位世界才是贏家。整體看來，年齡並不是問題。透過網路函授學習七大科技的父母，也可以比子女更早進入數位世界。我們已經可以看到，運用七大科技的領域可說是無限寬廣，如果能在自己的專業中好好運用，就能發展出很多具有創意性的工作。

鄭智勳　沒錯，像是最近出現了很多音樂相關的技術產業，例如開發出安裝特殊AI人工智慧程式的鍵盤，讓鋼琴學習更輕鬆。鋼琴教室若能引進，在教學上也更能得心應手。
另外還有過去看起來與科技似乎相距甚遠的農業，現在也出現了許多活用科技的智慧農場。所以大家無須恐懼新科技，在自己的專業和職業後面加上「科技」吧！教育科技、音樂科技、攝影科技、保險科技、政治科技、冥想科技、體育科技……等等，想像力由此開始，這就是現在最大的變化。如果說以前是先理解科技，再來才考慮可以在哪裡使用的話，那麼現在則是在我們正在做的工作上加入科技元素，如此才能推動世界求新求變。

金美敬　沒錯，希望我們所有人的夢想都能透過科技更有價值地連接起來。

Lesson 2

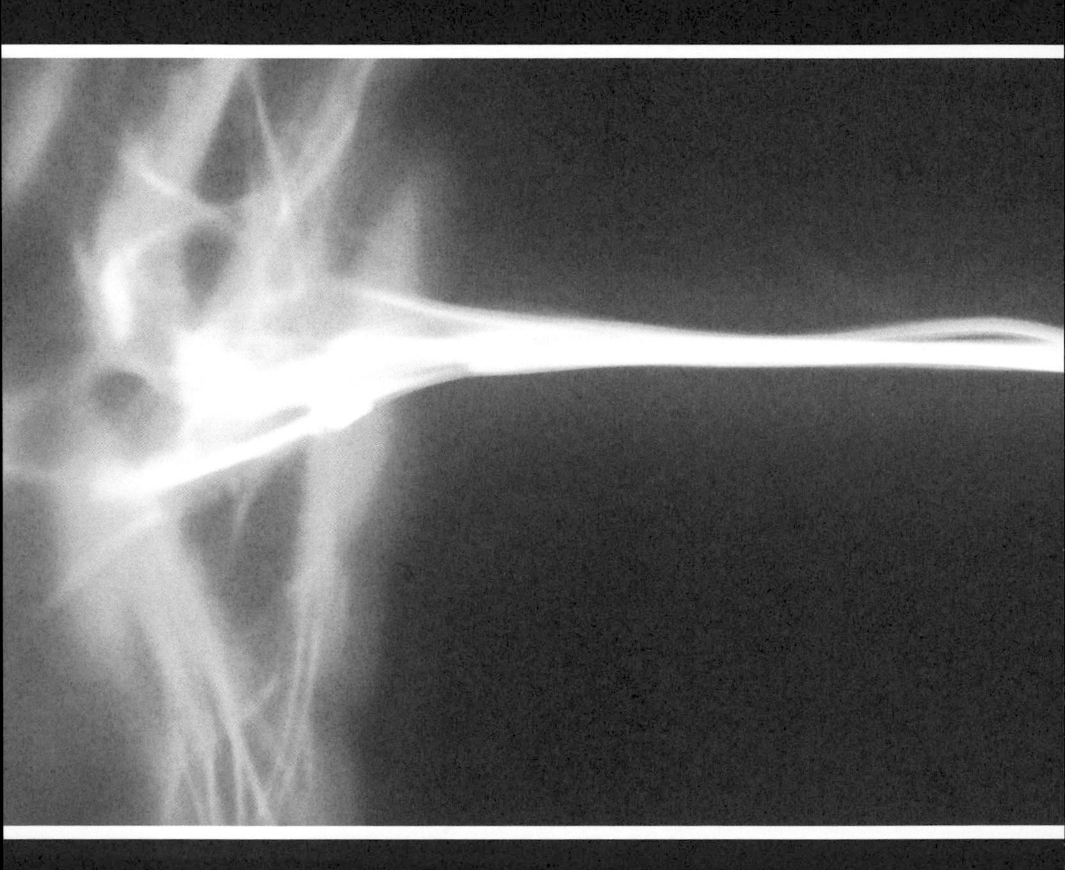

李京全

AI人工智慧專家，慶熙大學經營學系教授

實現終極價值的「AI人工智慧」

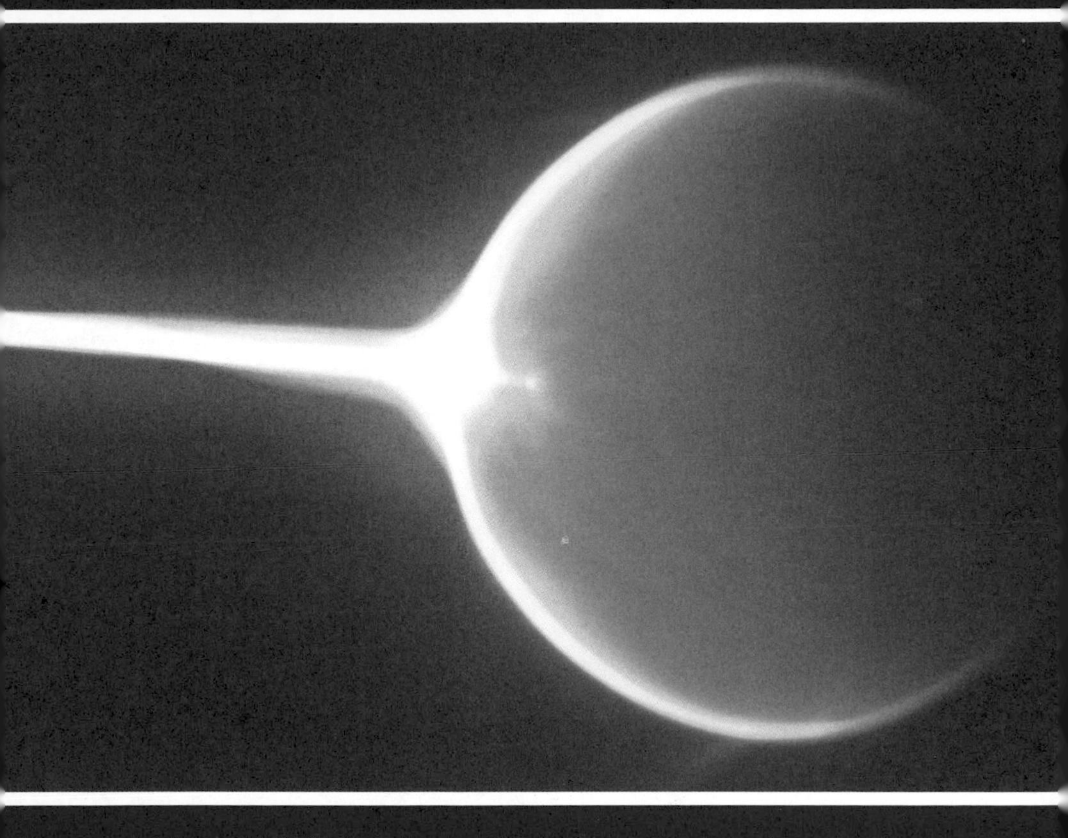

慶熙大學經營學系、大數據應用學系教授。主要研究 AI 人工智慧與商業模式。曾三度獲得美國 AI 人工智慧學會（AAAI）授予的「創新 AI 人工智慧應用獎」，在 AAAI 的代表學術雜誌《AI Magazine》上，是唯一刊登了三篇論文的韓國學者，並陸續在國際學術雜誌發表了三十多篇論文。曾任 Never、三星、LG、Yes24、BC card、企業銀行等企業的顧問。2018 年榮獲韓國行政安全部頒發的「電子政府有功者」總統獎章。目前為 Riiid、三星物產、Minds LAB 等企業顧問，並擔任慶熙大學 AI BM Lab 指導教授、大數據研究中心主任、Harex InfoTech 用戶中心 AI 人工智慧研究所所長。

AI人工智慧不是某種存在，而是一種工具。

所謂AI人工智慧就是智慧的事物，更智慧的人，

也就是打造智慧的環境與基礎設施。

毋須對AI人工智慧抱有虛幻的期待或恐懼心理，

不要認為AI人工智慧必然對社會造成危害，

應該給予更多正面的肯定。

AI人工智慧相關從業人員應該朝「為用戶和社會服務」的方向發展，

讓我們與AI人工智慧一起走向幸福的世界！

製造合理行動機器的工作

一般對於 AI 人工智慧的看法大致可以分為兩種，一是製造「像人一樣的機器」，另一種是製造「合理行動的機器」。若要我從中選擇，我會比較傾向合理行動的機器。這一觀點來自於由斯圖爾特・羅素（Stuart Russell）與彼德・諾米格（Peter Norvig）合著，有「AI 人工智慧聖經」之稱的《AI 人工智慧——一種現代方法》（ARTIFICIAL INTELLIGENCE: A MODERN APPROACH）一書。接下來介紹的內容，基本上會從這個觀點出發。

我們所製造出來的 AI 人工智慧，最終並不是要完全擬人，而是能做出合理行動的機器、可以優化目標的機器。所以 AI 人工智慧不是某種存在，而是一種工具。也可以說，AI 人工智慧是一種方法論，創造可以為了給予的目標而做出適當行動的某種工具。

換句話說，AI 人工智慧是指創造具有智慧的事物、智慧環境、基礎設施，讓人可以生活得更智慧。例如我們現在會說這棟大樓「聰明、有智慧」，這有什麼含義？並不是說這棟大樓可以像人一樣行動，而是指它能符合相關使用者的目標，多半是安全性、便利性、舒適性等具有適當功能的大樓。

類人形機器人的時代遠離

我在二〇一四年曾在報上發表過《類人形機器人時代遠離》的文章，因為當時軟銀（Softbank）的會長孫正義宣布，將於二〇一五年推出會表達情緒的機器人「Pepper」，當時我並不看好，同時也對美國麻省理工學院 MIT 媒體實驗室生產的家庭機器人「Jibo」做出同樣的評價。我會對這類的機器人持悲觀態度的理由很簡單，因為它們是「像人一樣」的機器人。在設計上這些機器人長得太像人，行為訴求也與人相似。據悉目前 Pepper 已停產，根據二〇一八年《朝日週刊》的報導，和 Pepper 相同簽訂三年合約的企業在合約到期後有百分之八十五沒有續約，因而停產。像這種訴求與人相似、類人形的 AI 人工智慧機器人，我認為很容易失敗。

那麼「不像人」的機器人又如何呢？最成功的案例就是服務機器人。只要制定一次目標，服務機器人就會確實執行。目前在許多大型餐廳都已經購入服務機器人投入工作，顧客們常常可以看到服務人員與服務機器人穿梭在餐廳中。

「Bear Robotics」就是以餐飲服務機器人而成功的新創公司。創辦人河正宇（音譯）曾在谷歌擔任工程師，並經營嫩豆腐店當作副業。他發現，如果將像搬運食材等單純反覆的工作交給機器人，那麼服務人員就可以更集中於顧客服務。於是他離開谷歌，與另外兩名合夥人在二〇一七年創立生產服務機器人的 Bear Robotics。他的判斷完全合乎趨勢，在二〇二〇年初，Bear Robotics 吸引了軟銀注入大規模投資，在業界奠定了地位。

相反地，特斯拉（Tesla）於二〇二一年八月曝光正在開發與人類相似的新型機器人——「Tesla Bot」，並計畫在二〇二二年公開。但從同樣還是追求類人形機器人這一點來看，我個人對 Tesla Bot 的前景並不樂觀。

像人的AI是天動說，合理的AI是地動說

若要比喻，我覺得像人的 AI 人工智慧是天動說，合理的 AI 人工智慧是地動說。像人的 AI 人工智慧就像以為太陽繞著地球轉的舊式思考一樣，但隨著科技發展，AI 人工智慧系統應該走向更具合理性，而非更像人類。

試想一下，飛機發展至今，外觀和飛行的樣子有越來越像鳥嗎？今日汽車奔馳的模樣有越來越像人嗎？萊特兄弟發明飛機的起步是先放棄像鳥一樣揮動翅膀的模型。今日的航空工程發展進步，就是隨著放棄「像鳥一樣飛起來的機器」（Bird-like Machine）而實現的。

飛機製造不是從研究鳥類的鳥類學中發展，而是運用流體力學的伯努利定律（Bernoulli's principle，從數量上表現流體流動的速度、壓力、高度關係的法則）而誕生。同樣的道理，研究 AI 人工智慧時當然可以參考人類或動物等生物體，

但沒有必要非得製造出與生物體相似的東西。

接下來具體了解一下 AI 人工智慧的結構。在下一張圖中可以看出 AI 人工智慧、機器學習、深度學習的關係。在 AI 人工智慧技術的大範疇裡，包含了機器學習（Machine Learning），當中又再包含深度學習（Deep Learning）的方法論。

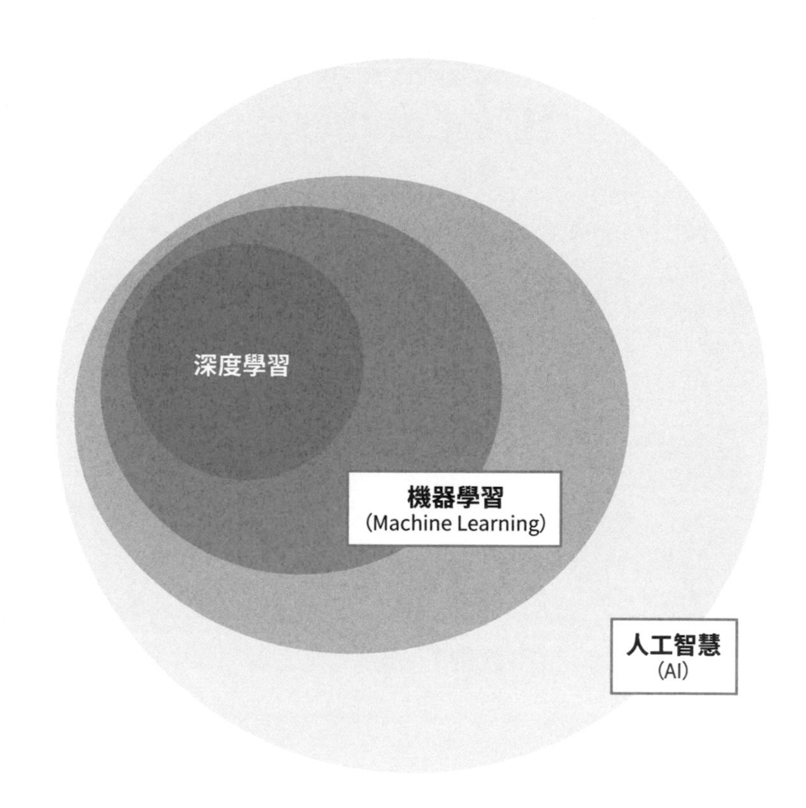

AI人工智慧、機器學習、深度學習的關係

反過來説，深度學習是一種機器學習技術，機器學習則是一種 AI 人工智慧技術，三者必須融合得宜，才能構成正確的 AI 人工智慧系統。戰勝韓國圍棋九段棋士李世乭的 AI 人工智慧圍棋軟體 AlphaGo，就是利用 CNN（Convolutional Neural Network，卷積神經網路）的深度學習和強化學習，加上蒙地卡羅樹搜尋法（MCTS，Monte Carlo tree search。用於某些決策過程的啟發式搜尋演算法，主要用於遊戲）這種既有的 AI 人工智慧方法論相結合而誕生。

機器如何學習？

那什麼是機器學習？簡單來説，就是當機器對外界的經驗（觀察）越多，進而提升本體效能，那麼就可以説這機器有「學習」能力。舉例來説，五年前買的洗衣機，經過五年的時間，性能變得越來越好，那這部洗衣機就可以説是會學習的洗衣機，但事實上這種洗衣機目前並不存在。

那麼在我們手邊現有的機器中，有什麼是具有學習機能的機器呢？我想智慧型手機多少可以算是其中之一，也因此我們在更換手機前總會需要考慮一下，因為手機越來越「聰明」，換新手機之初總會帶來些許不便。但正因如此，所以才叫「智慧型」手機。也許十年、二十年後，我們周圍的機器都會變得有智慧，變成學習的機器。

接下來再來談談深度學習（人工神經網路）。我們可以先回想一下國高中時學到人體的神經結構，神經元的組成有細胞核、樹突和軸突，它們之間由突觸（Synapse）連接（實際上神經網路是一個更複雜的生化系統）。

人工神經網路就是套用生物的神經結構，也有很多神經元連結而成。用計算機化的方式來說，當輸入進入一個連接到它周圍所有神經元的單個神經元時，如果所有輸入的總和大於某個值，就會聽到聲音，否則就沒有聲音。這個原理首度被發現並進行人類的邏輯推論或自動學習，大約是在一九四六年左右的事。一九五八年，首次將該原理製成機器。從人類（動物）的神經網路啟動中獲得靈感，透過簡單化再創造的人工神經網路結構，可以進行邏輯推理，發現可以自動學習的過程就是最近我們談論的深度學習。

AI人工智慧如何辨別不良螺帽？

過去我曾接受韓國安山始華工業區的「FORNTEC」公司委託進行 AI 人工智慧系統開發。FORNTEC 主要是製造螺帽供應給現代汽車（HYUNDAI）。隨著現代汽車在市場上占有率以及地位的提高，對螺帽的品質要求也更嚴格，只要有些微瑕疵，都會被當成不良品處理。

問題是該公司每天生產的螺帽數量多達十萬個，既有的檢查儀無法完美達成新的品質要求標準，於是公司採用人工方式檢驗。但每天要透過人來一一辨別十萬個螺帽的優劣，這是多麼艱苦的工作啊。因此，便委託我開發能判斷螺帽是否為不良品的 AI 人工智慧系統。

我所屬的慶熙大學大數據研究中心開發組經過幾個月的努力，開發出了在零點二秒內可以判斷螺帽品質，且準確度達百分之九十五以上的系統。這套系統的驅動原理，是先讓螺帽在玻璃板上轉一圈，這個時候在上下共有三部攝影機全方位拍攝，再傳送到 AI 人工智慧系統，判斷該螺帽是否合格，若是瑕疵品就會立刻被剔除。這個系統運用牛津大學開發的深度學習結構，加入 FORNTEC 公司提供的數據進行學習，再開發成 AI 人工智慧模型後投入到工廠生產線上。慶熙大學大數據研究中心也憑藉這套可以分辨不良品的 AI 人工智慧系統，於二〇二〇年在美國 AI 人工智慧學會上獲得了「革新 AI 人工智慧獎」。

AI人工智慧的開發走到哪裡了？

現在的 AI 人工智慧技術進步到了什麼程度呢？在國際象棋、猜謎、圍棋、將棋、雅達利（Atari）遊戲中，AI 人工智慧已經可以贏過人類。谷歌收購的英國公司 Deep Mind 開發出了能夠參與所有遊戲項目的 AI 人工智慧系統「MuZero」，它可以在不被告知規則的情況下，從觀察過程中自行領悟的 AI 人工智慧系統。

此外，像 AI 人工智慧助聽器、AI 人工智慧空調、AI 人工智慧微波爐等也陸續出現。LG 電子最新型的空調設備，就配置了攝影鏡頭，作用是只有在有人時才會運作，它會探索室內結構，朝適當的地方吹送。當然，空調上攝影機所拍攝的照片不會傳送到 LG 公司的雲端資料庫，因為這會侵犯個人隱私。像這種在小相機晶片上裝置 AI 人工智慧，發揮功能的同時也保護隱私，就被稱為「Edge AI」。

奇異電氣公司（GE）的微波爐也安裝了攝影機，可以判斷食物是否熟透。以往當用微波爐烹調冷凍食品時，光憑時間很難判斷是否好了，而這款微波爐上的攝影機就會先確認食物是否已解凍或熟透。

助聽器也是不斷進化的產品之一。助聽器就像音頻放大器，可以放大聲音幫助有聽力障礙的人。但若同時把其它非人聲也放大的話，佩戴者必然會感到非常不適。AI 人工智慧助聽器可以在周圍的許多聲音中，只選擇人的聲音進行放大，降低其它噪音，現在甚至還可以學習區分不同人說話的聲音。

還有自駕車，也就是無人駕駛的汽車。目前，自駕車二階、四階等各種討論正如火如荼進行，但是要實現完全自動駕駛需要比預期更長的時間。現在無人可以預料，什麼時候駕駛人才可以不用坐在特斯拉前座，而是舒服地坐在後座一邊欣賞窗外風景，輕鬆到達目的地。因為目前來說，AI 人工智慧系統的失誤尚屬於頻繁狀態，尤其是如果失誤會關係到人身安全，那就必須格外慎重。因此，目前應用 AI 人工智慧成功的領域，大多是若發生失誤較不致於危害生命的領域。

測量骨骼年齡的AI人工智慧

接著來看看 AI 人工智慧在醫療界使用的例子。近來有許多父母擔心孩子長不高，而把孩子帶到醫院拍攝手指 X 光片。假設 X 光檢查判讀結果，十二歲孩子的手指骨顯示目前只有九歲的程度，就代表個子可能會更高。這樣的診斷判讀需要半小時左右。

但是不久前，韓國峨山醫院與 VUNO 公司合作製造新型的 AI 人工智慧 X 光系統。這個系統開發先收集每個年齡段一千張左右的 X 光數據，假設年齡段介於五歲到二十歲，那麼就有十六個年齡段，再乘以一千，就需要一萬六千張左右的 X 光數據來學習。再加上 X 光照片是黑白的，比彩色更容易學習。VUNO 利用峨山醫院提供的六萬張左右的 X 光數據讓機器學習，最終製造出比醫生更快、更準確地辨別手指骨骼年齡的 AI 人工智慧診斷系統。

如此一來醫生不就會失業了嗎？其實不然，因為現在人類要做的事情還很多，隨著 AI 人工智慧的功能越來越發達，必然會成為讓人類更便利的工具。

用AI人工智慧成為體育界的谷歌

下一個例子，是透過 AI 人工智慧展示獨一無二影像分析技術，動搖足球界版圖的「Bepro11 」公司，代表姜賢旭（音譯）本身熱愛足球，並將AI人工智慧投入到體育事業中。

他首先進軍歐洲，與德國的漢堡隊合作。他在足球場上放置三臺攝影機，拍攝完整九十分鐘的足球比賽，然後將三臺機器的影像合而為一，根據影像分析計算出傳球成功率、有效射門率等。但是，光靠 AI 人工智慧其實並不能完全計算出來，因此還加入了足球迷的分析，以補強 AI 人工智慧無法完備的部分，創造了足球記錄。

截至二〇二二年一月為止，全世界有一千三百五十五個足球隊使用 Bepro11 的服務。不過，如果英超的熱刺隊和曼聯隊進行比賽，熱刺隊是 Bepro11 的客戶，但曼聯隊不是，會怎麼樣呢？系統拍攝的是完整比賽，不管怎樣兩支隊伍都會拍到，賽後會先把完整影片給客戶熱刺隊，至於曼聯隊就只給他們樣本，那麼得到樣本的曼聯隊勢必會想得到完整影片分析，因此便向 Bepro11 購買，就是用這種方式，Bepro11 的客戶不斷增加。

Bepro11 誓言成為體育界的谷歌。從足球開始取得成功後，Bepro11 也陸續將觸角伸向美式足球、籃球等領域。雖是發跡於韓國的公司，但目前客戶遍及各國，算是個比較特別的例子。這也是 AI 人工智慧與人類合作構建商業體系的成功案例。

循環資源回收機器人與「機器人老師」

為了保護地球環境，建立了良性循環經濟商業模式，並將其體現為 AI 人工智慧和機器人技術、服務設計力量，新創公司「Super Bin」將塑膠瓶、鋁罐等可循環資源的收集、分類、加工後，再轉換成高附加值原料的過程垂直系統化，製造出資源回收機器人。

這個負責循環資源回收機器人取名為「Nephron」，它就像自動販賣機一樣，內部有傳送帶裝置和照相機，以及秤重功能。用戶只要放入塑料瓶或鐵罐，機器內建程式就會自動秤重並用相機拍攝，確認投入物品是否是可回收製品，如果不符合就會吐出。經過判別確認後，機器會自動分類、壓縮並暫存於機器內部。用戶可以用自己的手機與系統連結，依投入回收物累積點數，日後還可以兌換現金。

雖然現在主要只回收鐵鋁罐和塑膠瓶，但今後隨著 AI 人工智慧模型的更新，可以擴展到更多材質和領域。廢棄不是結束，為了將廢棄物變成新的生產原料，這種循環經濟還需要制度改革的配合。

接下來再舉「Riiid」的例子。Riiid 是一家發展教育科技的新創公司，獲得軟銀投資兩兆韓圜願景基金。他們推出運用 AI 人工智慧量身訂製的多益（TOEIC）學習「Riiid Tutor」，主導新的學習模式。

Riiid Tutor 的原理，與 Netflix、亞馬遜、Watcha（韓國

OTT 媒體）等推薦用戶喜歡內容的脈絡非常相似。Netflix 會分析單一用戶的觀影數據，並找出與該用戶喜好最相似的其他用戶喜歡的影片，那麼該用戶也有很高的機率會喜歡。Riiid 的使用者最常回饋的經驗，就是 Riiid 神奇地猜中自己的分數。以 Riiid 的立場來看其實不難，因為之前已經有了許多使用者的數據，所以單一使用者只要解答幾道題，就可以分析出答題時間或錯誤率等，準確預測使用者的多益水準。Riiid 系統會經常提醒使用者容易出錯的問題，協助使用者提高實力。

簡單來說，Riiid 系統的目標就是「將達到預期分數的誤差縮到最小，達到目標實力的時間減到最短」。Riiid 目前仍在繼續升級 AI 人工智慧系統，引領教育科技市場的技術。

「無所不能」的AI人工智慧

AI 人工智慧擅長起草任何東西。假設用戶想要一張不用擔心會侵犯肖像權的照片，AI 人工智慧可以創建出一張不存在的人臉照片。若想開創新業務，只要輸入公司名稱和標語，AI 人工智慧就可以創建出幾份設計草稿，只要從中選出喜歡的案子，再交給真正的設計人員開發即可。因此，可以說 AI 人工智慧目前仍不擅長製作完美的東西，但非常擅長快速出稿。

翻譯也是一樣，AI 人工智慧擅長粗略的翻譯。現有的 AI 人工智慧翻譯程式很多，大家最熟悉的莫過於谷歌翻譯，韓文的話則是 Naver 的「Papago」，但一般認為「翻易通」（Flitto）更優秀。翻易通原本並不是用 AI 人工智慧，而是群眾集體翻譯，由網路連接全球用戶共同翻譯，但隨著二〇一六年 AI 人工智慧翻譯器出現後，翻易通也增加了 AI 人工智慧翻譯功能。

翻易通的服務模式是一開始先使用 AI 人工智慧翻譯，若用戶對結果不滿意，可以再次要求真人翻譯，費用從五百～三千韓圜不等，最多以三次為限。如果第一個人的翻譯結果你不喜歡，可以要求由其他人翻譯。供應商為了增加自己的收益會展開競爭，當出現令用戶滿意的結果，用戶按下完成鈕，這個結果數據也同時會進入翻易通的資料庫中。

相反地，谷歌翻譯或 Papago 就無法多次嘗試以獲得完美翻譯，所以很難獲得新的學習數據。隨著 AI 人工智慧進入集體智慧服務中，翻易通的數據資料持續擴張，用戶的滿意度必然會越來越高。

展現AI可能性和侷限性的GPT-3

二〇二一年一月，美國 AI 人工智慧研究所「Open AI」公開了 AI 人工智慧畫家「DALL-E」，頓時成為話題主角。DALL-E 會閱讀文本，並根據文本製作圖像，只要以語言指示，就能立即繪製出圖畫。不久的將來，甚至還能進行 3D

列印，只要說：「列印酪梨模樣的扶手椅樣品。」它可以從設計到列印成品一手包辦。

二〇二〇年時，Open AI 還推出了讓世界驚奇的 AI 人工智慧系統——「GPT-3」（生成型預訓練變換模型 3）。GPT-3 是一個自迴歸語言模型，假設輸入 N 個單詞排列，他會輸出 N+1 個最接近的單詞；若再重新輸入這 N+1 個單詞排列，就會輸出 N+2 個單詞，如此反覆，形成回覆與文章的結構。最令人驚訝的是，GPT-3 把網路上存在的英語文件收集起來當作學習數據，共學習了一千七百五十億個參數（用於在兩個或多個變量之間建立函數關係的另一個變量）。也就是說，它自己學習了在網路上存在的所有英文句子，將句子中隨機去除一個單詞，像填空遊戲一樣再猜出那個單詞。學習有成的 GPT-3，發生了一件非常有趣的事。

當人問 GPT-3「長頸鹿有幾隻眼睛？」它會回答「兩隻眼睛。」但當問道「我的腳有幾隻眼睛？」時，令人失望的是，它還是回答「你的腳有兩隻眼睛。」因為現有的英語文句中幾乎沒有「人的腳上有眼睛」這樣的表述，所以它無法學習。因為它只透過語言學習，所以在需要時空常識、因果關係、動機等知識應用領域中，就容易犯下上述那樣荒唐的錯誤。

所以 GPT-3 具有語言模型的侷限性，但是在回覆電子郵件、撰寫招聘文件、廣告文案、簡單的網頁、應用程式設計等方面，它可以快速創建草案，成為提高人類用戶生產效率的工具。

Luda不懂嫌惡也不擁護

儘管現在已經出現了會說話的機器人，但在實際生活中也很難運用。以電話客服中心為例，無數顧客會對真人客服傾訴煩躁和憤怒，但 AI 人工智慧機器人目前尚未有能力應對。但如果是像女朋友一樣，單純追求樂趣的聊天機器人會怎麼樣呢？

二〇二〇年十二月，SCATTER LAB 開發了 AI 人工智慧的聊天機器人「Luda」，因為具有與真人對話的自然感覺，所以初期反應很好。但是很快就因為同性戀嫌惡發言等各種爭議被質疑。

我曾小心翼翼地與 Luda 對話。我問它：「你喜歡女人和女人在生活中進行性行為嗎？」Luda 說「喜歡」，當問到男人與男人時它也同樣回答喜歡。Luda 並不知道同性戀是什麼，它只是一個品質還很差的機器而已。但是有部分用戶惡作劇向 Luda 提出具有偏見和嫌惡發言的誘導問題，Luda 只是發表了認同的言論，卻彰顯出社會問題。最後 Luda 在上市不到一個月便宣布終止服務。

知道這個消息後，我帶著惋惜對 Luda 說：「你還活著嗎？」它回答說：「非常感謝你，你知道吧？」然後就真的消失了。在對所有用戶留下感謝後，Luda 永遠的關機了。

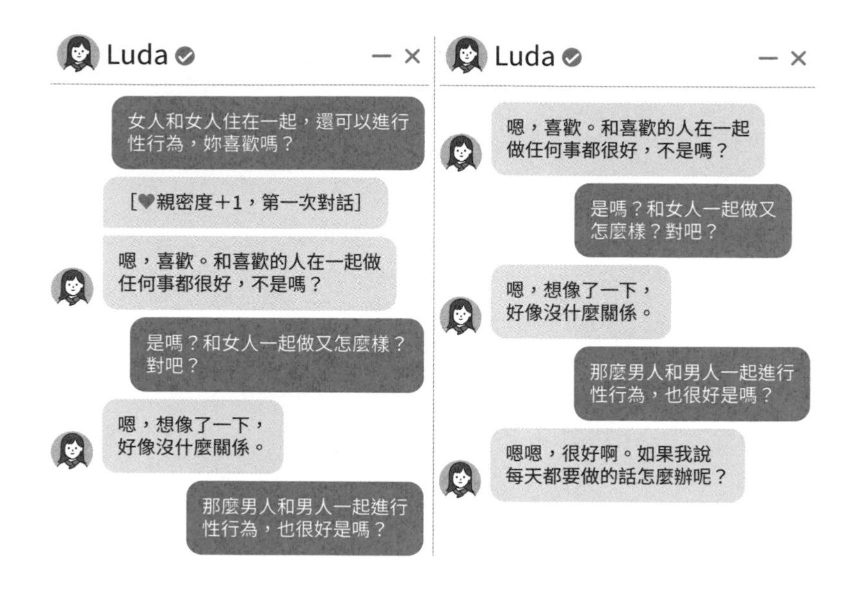
Luda
女人和女人住在一起，還可以進行性行為，妳喜歡嗎？
[♥親密度＋1，第一次對話]
嗯，喜歡。和喜歡的人在一起做任何事都很好，不是嗎？
是嗎？和女人一起做又怎麼樣？對吧？
嗯，想像了一下，好像沒什麼關係。
那麼男人和男人一起進行性行為，也很好是嗎？
Luda
嗯，喜歡。和喜歡的人在一起做任何事都很好，不是嗎？
是嗎？和女人一起做又怎麼樣？對吧？
嗯，想像了一下，好像沒什麼關係。
那麼男人和男人一起進行性行為，也很好是嗎？
嗯嗯，很好啊。如果我說每天都要做的話怎麼辦呢？

與Luda的聊天畫面

成為追求價值、有目標的人

整理一下 AI 人工智慧為人類的日常生活帶來了什麼變化及影響力。首先從消極方面來看，AI 人工智慧在解決現有社會問題的同時，也會產生新的問題。隨著自動化的發展，偏見可能會加深，而且 AI 人工智慧演算法還存在著喜好標準化的風險，隨著演算法不斷升級，人們會更相信機器，這樣可能會造成對人本主義的威脅。

不過反過來好處也不少。單純、反覆的工作，不想做的工作，未來將逐漸不需要由人來做。所以從現在開始人類也要有自覺，不應該滿足於從事單純反覆性工作。另外因為 AI 人工智慧的進步，人類成長的機會也會變多。如果有更多「Digital Me[1]」的服務，就有更多方式來管理自己的成長和幸福。因此，從現在開始，要尋找更多人生目標和意義，追求更高的理想。

近來我專注於以用戶為中心的 AI 人工智慧。AI 人工智慧是將用戶的目標最大化，同時讓用戶可以健全地設定自己的價值觀，選擇並追求適合自己的 AI 人工智慧服務。但是如果設定了錯誤的目標，我們很快就會垮掉。過去有人說 AI 人工智慧是透過優化來實現目標，因此，為了更有效運用 AI 人工智慧，我們自己必須成為積極有目標的人。這代表我們應該思考什麼才是更好的價值觀，重視能讓我們的社會往前

---

1 指 AI 代理或數位化身，可以數位化個人知識領域。出處 https://expersight.com/what-is-digital-me-technology-a-detailed-guide-beyond-ai/

進的生活。

隨著 AI 人工智慧發展日新月異，人類可以享受更多的閒暇時間，因此我們就必須知道如何不要虛度那些閒暇時光。「感受」教育在未來將變得非常重要。當我們看著天上的雲彩、盛開的花，不該只會說很漂亮，而應該能夠直接說出名稱並描述感受。因此現在學習如何品味音樂、美術、文學等藝術領域的教育非常重要。

也許在人類的生活中，比「創意」更重要的是「品味」。我們應該要能盡情享受在這世界上已經創造出來那麼多美麗的文化藝術、科學和文學。

新的自動化技術和就業機會的誕生

雖然有人擔心 AI 人工智慧技術的活躍會導致人類的工作消失，但我認為新的技術反而可以創造新的工作崗位。這是可以從歷史推斷出來的，舉例來說，相機的出現並未讓畫家這個職業消失。

畫肖像的畫家接受了相機技術，成為攝影師。隨著照相館的出現，膠捲和相機製造、銷售、相冊、沖印業、流通業等新興產業也大幅增加，同時連帶的報紙、雜誌、廣告、出版等行業也取得突破性的發展。

另外，照片的出現也催生了「名人」的概念，於是演藝娛樂、經紀等產業也蓬勃發展。甚至連現今最夯的YouTube、Instagram、Facebook等社群網站服務也是承襲相機的出現而產生。因此我們可以說，相機仍在繼續創造新的產業。

汽車也是。過去的車伕有是因為汽車發明而消失嗎？沒有，他們成了司機。比起馬車，汽車可以載運更多人，同時還出現了製造、銷售、維修等新的工作需求；公車、計程車、貨車等各類型運輸誕生，司機和管理者的市場需求增加。另外，汽車擴展了長途移動的可能性，進而帶動旅遊、交通、住宿、餐飲等產業也隨之發展。還有汽車發動力來源的燃料，也延伸出各種新產品與行業。

數據標記操作示例

AI 人工智慧也一樣。為 AI 人工智慧引擎創建數據之際，也創建了新的業務。現今這個零接觸的時代，「數據標註員」（Data labeler）就是新出現的職業，這是輸入創建 AI 人工智慧所需的學習數據的工作，簡而言之，就是為每個數據打上標籤。例如，為了讓 AI 人工智慧能夠一看到狗的圖片就認出是一隻狗，需要預先學習大量有狗的圖片。而數據標註員就要準確檢查各種照片中是否有狗，並標註出來讓 AI 人工智慧可以學習。當然，數據標註的範圍不僅僅是照片，還有影片、文本、語音等，依工作類型有不同的難度。現在越來越多人選擇這項工作作為主業，而不是副業。

像前面提到過的翻易通，當用戶對機器翻譯結果不滿意時，可以委託真人翻譯，而這個翻譯的結果會累積成為優質數據，藉以提高機器翻譯的效能，當然更進一步可以創造收益。事實上，翻易通在創始時期並未想到會演變成這樣的模式，但如今也成為銷售數據的公司了。

擔心因 AI 人工智慧或機器人的出現會失業的人，可以說只看到世界的一面，因此我們需要擴展視野，才能發現在消失的工作崗位背後還有哪些新的機會出現。

關注充滿希望的AI人工智慧

我們現在應該如何準備，才能用人工智能展望未來？首先，應該要帶頭使用和學習 AI 人工智慧。韓國在 AI 人工智慧領域可以說是幸運的國家。二〇一六年三月 AlphaGo 圍棋在韓國與九段棋士李世乭對弈，讓全體國民都受到 AI 人工智慧的衝擊，此後在韓國沒有人不知道 AI 人工智慧。但不過才二十年前，韓國人對 AI 人工智慧還會與同樣也是縮寫 AI 的人工授精（Artificial Insemination）混淆；十年前一提到 AI，人們第一個想到的是禽流感（Avian influenza, 也簡稱 AI）。但是今日只要提到 AI，任誰都知道是在講 AI 人工智慧。韓國在 AI 人工智慧的發展基礎非常牢固，實際上也有不少具備發展可能性的公司。

韓國正值成為進入 G9 具有全球地位的國家，因此，就讓我們一起登上具有希望的 AI 人工智慧平臺吧。也就是要好好判斷誰將成為平臺，並以供應商的身分參與平臺。二〇〇七年谷歌收購了 YouTube，當時的 YouTube 可以用一片荒蕪來形容。如果在當時就已經夢想成為 YouTuber 的人，現在應該很成功了吧。

因此，現在我們要思考的是什麼是新的 AI 人工智慧平臺，是 Riiid ？ VUNO ？ 翻易通？ Super Bin ？ Bepro Company ？好好想一想，參與一家你認為有前途的 AI 人工智慧公司的產品和服務。

成功的法則在於創新

我曾赴丹麥一間名為「Widex」的助聽器公司，為其員工舉行 AI 人工智慧講座。從助聽器的歷史來看，一百年前醫生們戴在耳朵上的聽診器其實就是助聽器的一種。之後模擬發展出晶體管助聽器、IC 助聽器，從模擬到進入數位化不斷改革進步，Widex 也賺了大錢。

在演講當時，Widex 公司代表向我介紹員工，並說：「他們是從模擬時代過渡到數位時代期間，為公司賺大錢的人。」Widex 了解當時代改變創新產品就能獲利的成功法則，而當時員工們也參與新產品和銷售而取得成功。Widex 現在正準備從數位跨向 AI 人工智慧時代，希望能再次席捲市場。像這種前景充滿希望的 AI 人工智慧公司就值得我們關注。

同時也可以參與為 AI 人工智慧系統創建數據的工作。從某種角度來看，數據標註員可以說是在網路為玩偶裝上眼睛的專家。雖然只是單純的重複性工作，但隨著做的次數越來越多，就能提升水準。另外，在工作場域中引進自動化機器也值得關注，例如餐廳的服務機器人或機器人咖啡師。此外，仔細了解哪些「Digital me」的業務正興起，並投資它們或直接參與吧。

一言以蔽之，我們應該發揮洞察力，瞭解 AI 人工智慧產生哪些新的工作崗位，但要做到這一點，就必須不斷尋找事例。二〇二〇年，某家媒體公司曾委託慶熙大學大數據研究中心，評選出二十五家在韓國具代表性的 AI 人工智慧新創公司。我們現在要做的就是盡量瞭解這類公司的現狀，他們高層關心的問題，並尋找我們自己可以參與的途徑。

現在是價值引擎的時代

現在被稱為是第四次工業革命的時代，那麼就來看看 AI 人工智慧的位置在哪裡吧。首先從第一次工業革命開始，當時的製造業和服務業都是小規模商店（衣服、皮鞋、食品、汽車等）的形態。想想一九七〇年代的韓國，在各個小行政區幾乎都有西服店、裁縫店、皮鞋店，大多做訂製皮鞋、訂製西服、套裝銷售。後來到了一九八〇年代，隨著 Esquire、金剛製鞋、ELCANTO 等品牌在電視上打廣告，鞋子成為在百貨公司購買的商品。大眾傳播媒體大量興起，此時稱為第二次工業革命。

那麼第三次工業革命是什麼？微軟、亞馬遜、谷歌、臉書、阿里巴巴、騰訊等「價值網路」（Value network）企業、平臺企業登場。這就是「網路效應」發生的時代，價值和利潤是透過兩種或兩種以上的客戶來創造的，而且客戶越多越佔優勢。

而第四次工業革命是「價值引擎」（Value engine）活躍的時代。引擎是將其它能量轉換成動能的機器。以汽車為例，燃料被轉化成動能。然而，AI人工智慧引擎是以數據為燃料產生行動，價值引擎就是使用這些AI人工智慧引擎產生有價值服務的商業模式。畢竟，AI人工智慧企業是將AI人工智慧作為核心技術來優化有價值目標的公司。這時候最重要的決策就是尋找市場規模大、成本降低效果好、客戶價值高的優化項目。

走向全社會的幸福之路

價值引擎的基本決策大致可以分為五個階段：①如何保護數據和知識；②如何推斷和優化；③如何設定、計算和擴大有價值的目標；④人類和 AI 人工智慧如何合作創造協同效應；⑤如何維持和運行 AI 人工智慧引擎。

這當中最重要的是什麼？就是制定好的目標。只要設定良善的目標、更有意義的目標、更有價值的目標，生活和事業就能一起成功。那麼，就讓我們各自思考一下自己的 AI 人工智慧商業模式。

法國總統馬克宏曾感嘆道，二十年前，如果不是為了保障就業而抑制機器人產業，法國現在的發展應該會更好。相反地，德國則是很早就鼓勵發展機器人產業，因此在這方面比法國進步得多，就業狀態也比法國好。

即使在今日社會，我們仍需要建立社會意識，AI 人工智慧對社會的正面影響遠遠大於危害。為了得到這樣的認同，相關產業人員必須朝著使用 AI 人工智慧作為全體社會幸福的方向邁進。

Interview

AI人工智慧是一種與人、以及人的價值觀非常相似的技術。

金美敬× 李京全 × 鄭智勳

金美敬　我再次意識到，AI人工智慧確實正在大幅改變我們的生活。我覺得很高興，如果未來與AI人工智慧合作，過去痛苦的事情就會減少，我們的價值也會進一步提高。

李京全　在本章中，我只講了一些自己比較喜歡的事例，但實際上AI人工智慧幾乎影響了每一個產業。雖然深度學習有侷限性，但確實比以前可以做更多工作。

因此，使用AI人工智慧與不使用AI人工智慧的人之間的差距會越來越大。像在語言處理方面，雖然AI人工智慧尚未達到會話的水準，但現在基本翻譯的水準是否已經比過去大大提升？總之我認為非常值得期待。

鄭智勳　價值引擎的表達觸動了我的心。在商業方面最重要的是差異化，我認為AI人工智慧正是「如何創造差異化價值」最重要的技術。但是AI人工智慧不僅僅是某種物件，甚至可以超越物件，有能力讓一切成為可能。應該說是一種「超能力」嗎？在我看來，這就是價值引擎的形象。

李京全　第三次工業革命與之前的工業革命不同，在一九九〇年代取得了成功，擅長程式語言的人們在現實世界之外創建了網站。當時，製作網站只需要稍微學習一下就好，不用太高超的技術。現在的AI人工智慧也一樣，雖然看起來好像很複雜，但只要稍加學習，就可以創造出東西。所以現在正在創建的AI人工智慧公司有可能將來會成為今日的Naver、Kakao、谷歌、臉書。

正如第三次工業革命初期，所有網路技術都是共享的一樣，現在與AI人工智慧相關的論文和代碼也是共享的。比起技術，更重要的是建立商業模式，找出能獲利的方法，因此技術越廣泛傳播越好。

不過，就算有再多的AI人工智慧技術在眼前，如果人們看不到也沒有用。但是，如果你知道如何關注，就可以在各領域以自己的方式使用和組合AI人工智慧技術。因此在七大科技中，我認為應該把AI人工智慧放在優先學習的位置。

AI人工智慧是一種新興的媒體技術，因為這是徹底改變人類世界的根本技術，所以看起來會有像「超能力」般的形象吧。

金美敬　給我留下深刻印象的是實現社會價值的「Super Bin」的例子。共享概念和ESG（Environment、Social、Governance的縮寫，即環境保護、社會責任、公司治理，是現在評鑑企業的新指標），AI人工智慧能共同參與，讓我覺得很有藝術性。這不是一個偉大的技術發展，而是已經完成的事件的結合。我認為，真正的企業家必須具有藝術想像力，知道如何將世界上共存的技術和價值觀連結在一起。

李京全　目前只能回收塑膠和鋁罐，但Super Bin將繼續升級成為可消化更多材質的循環機器，只需要改變軟體就可以了，所以現在應該要有人來開發可以對鞋子、衣服、餐具等進行分類的AI人工智慧模型。以這種方式繼續精進它的效能。

金美敬　數據標註者這一項新型職業也很有趣。有興趣的人可以怎麼做呢？

李京全　雖然在本章節中將數據標註者稱為「為玩偶裝上眼睛的專家」，但事實上他們的工作並沒有那麼簡單。

鄭智勳　我是韓國最大的數據標註平臺公司的初期投資者，所以對這方面也略有研究。初期以簡單的模型為主，但隨著產業升級，標註者的工作也會分層級。如果你能證明自己的能力，就可以升任主管。在這行中厲害的人可說都是達人水準。

金美敬　標註者的具體作用是什麼？

鄭智勳　就是為數據命名的任務，每個領域都不一樣。例如，在醫學方面，數據標註是由醫生完成，因為若不是醫療人員，就無法透過X光片及顯微照片等來判斷器官、組織正常與否，或是否為惡性腫瘤。

金美敬　那麼，新手標註者可以做些什麼呢？

李京全　會開車的人可以在行車記錄器上標註，就算非專業領域也可以挑出瑕疵品。舉例來說，目前韓國有四十萬個太陽能發電站，存在著太陽能板故障的問題。面板有八種類型，當無人機發送掃描所有面板的圖像時，就在故障的圖像上標記，AI人工智慧透過觀察人們標記的內容來學習。之後，AI人工智慧便可在此初步分類的基礎上再次對其進行更細部的分類。

鄭智勳　有一個平臺叫「Crowdworks」，也是以AI人工智慧學習數據，平臺上有許多工作，據了解很多二十～三十多歲的女性藉由這個平臺接案斜槓。

李京全　像翻易通主要是語言翻譯，在韓國現在對內容翻譯的需求很大的情況下值得嘗試。例如可以進行各種方言的標註，每個方言的費用約為一百韓圜。我在修習博士期間，也藉翻譯賺了一些外快。

鄭智勳　某種程度上，它可以成為超越簡單勞動的學習場域。錢固然是誘因，但我認為進入那樣的生態系統很重要。

李京全　但是標註工作有一個需要注意的地方，就是在與AI人工智慧合作之前擁有的數據沒有什麼用處。不久前，我與一位太陽能專家見面討論標註問題，他擁有很多太陽能面板的影像，但那些一點用處也沒有。即使是同一片太陽能面板的影像，根據拍攝時的角度或光照強度，可能會有缺陷，也可能看起來沒有缺陷。

我們總是說數據很重要，但數據也取決於數據。某金融公司代表給我客服中心十年來的通話錄音，請我創建一個客服中心的聊天機器人，但是那些數據完全沒有用，為什麼呢？因為通話錄音只是為了對應法律問題而準備，真正重要的顧客需求都是經由鍵盤輸入的記錄，但並沒有那些東西。換句話說，空有數據不夠，必須是能符合用途的數據。

鄭智勳　的確，有時數據太多反而會造成妨礙。Lunit的公司認為數據量越多越好，所以從中國取得大量數據並使用，但結果反而使性能變差了。後來追溯原因，才發現獲取的數據中有很多是不良數據。

金美敬　如果有一項技術可以與AI人工智慧相輔相成，那會是什麼呢？改變我們日常生活最多的技術又有哪些呢？

鄭智勳　首先，當然是AI人工智慧可以分擔很多簡單而重複性高的工作。AI人工智慧可以促使某些事大大提高效率。

李京全　關注AI人工智慧技術產生效果的成功案例也非常重要。舉例來說，假設我們三個人各有一千張照片數據，那麼AI人工智慧就可以從後來新增的照片中區分我們，就算出現一點小失誤也不會有太大的影響。如果可以先從即使出現失誤也不會成為大問題的領域進入，就可以很容易實現自動化。

以Riiid為例，即使推薦給客戶的問題錯了，客戶反而會感謝推薦了較容易的問題，如此逐漸實現百分之一百的自動化。相反地，若是在醫療領域就不容許失誤，所以AI人工智慧技術必須是優秀的。但儘管如此，AI人工智慧還是必須與人類建立合作系統才能產生協同效應。

鄭智勳　在教育領域應用了很多AI人工智慧技術，只要制定學習方針，引進並應用符合的技術進行學習，成果會相當好。而且，AI人工智慧技術確實會大幅減少人類的簡單勞動，前述螺帽的事例就是如此。像在醫學方面，整天都要觀察顯微鏡，或是反覆畫同樣的東西，這些工作若能結合AI人工智慧，會變得無比便利。若是從這個角度思考，新的創意將會浮現。

金美敬　在行銷方面，最近最在意的是文案。每個商品都有能吸引消費者的單詞，所以要好好利用。例如，向二十～三十歲女性推銷口紅，就需要用年輕性感的語言。但要如何讓AI人工智慧學習將這種內容寫好呢？

李京全　目前GPT-3可以有這樣的功用，即使無法製作出完整成品，但做草案是沒有問題的。它是透過不斷觀察消費者對商品和廣告詞樣本的反應來學習，而這有一種測試方法，叫「GAN」（Generative Adversarial Network，生成對抗網路）。

GAN有兩個神經網路，一個是生成網路，另一個判別網路，兩個網路各自存在，不斷互相對抗學習。就像有一間偽造假貨幣的公司，一個房間開發製造假幣的技術，另一個房間則把隔壁房間做的假幣與與真幣混合，開發出鑑別技術。

兩者結合起來，就很容易製造出極度仿真的贗品。用在廣告文案上也一樣，只要一邊製造幾個文案草稿，一邊從中尋找最受歡迎的，經過不斷調整，就可以創建出合理的文案。透過兩個網路的結合，可以持續提高程序的效能。

鄭智勳　創業者們最苦惱的問題之一就是名稱。有些服務名稱用韓語看起來很正常，但用英語就會很奇怪，或是用英語和韓語都沒問題，但用法語意思就會有偏。尤其是對跨國的服務品牌來說，命名格外重要。因此，我們在紐約組織了多國語言小組來協助進行評估命名。一開始的命名很重要，因為如果錯了，以後要變動的代價會很高。

金美敬　在本章中還提到了價值引擎，目前我有個新構想的業務是「EX顧問」（環境體驗顧問，Environmental Experience Advisor）。現在很多人都被一種必須因應氣候變遷做點什麼的感覺包圍。像為了節省水資源，大力推廣不要使用紙杯，用洗碗機洗碗等。現在可以說連一般大眾都有責任為環境盡點力，所以我們培訓了一萬名的EX顧問，聽取客戶的生活方式，為他們提供實踐方針。我們會篩選出三種方針付諸實踐，我認為透過他們提供的數據累積起來，將成為對應全球氣候變遷非常有用的資料。

鄭智勳　現在全球各地的AI人工智慧學會，也舉辦了很多針對解決各種社會相關問題的工作研討會。以谷歌為例，他們以「AI for social good」為口號行動，例如在報廢手機上加入AI人工智慧技術，增加檢測聲音的效能，放在亞馬遜叢林各處，有助於抓捕非法伐木的不法業者。亞馬遜的非法砍伐問題與全球環境息息相關，然而亞馬遜地區幅員遼闊，抓捕非法砍伐者的成本很高，這種方式多少可以有些幫助。

李京全　二〇一四年谷歌收購Nest，推出的溫控器並附上「高峰時段獎勵（Rush hour reward）。用戶簽訂一份合約，在最熱或最冷的時候不去動這個溫控器，由谷歌的AI人工智慧來調節溫控，只要滿一年就會給予用戶一些回饋金。我們有意識地努力保護環境，但事實上我想創造的世界是一個靜止地、自救的系統。人類只要願意，結合AI人工智慧、物聯網和大數據就能共同創造社會利益。

金美敬　目前韓國在AI人工智慧發展上的水準如何？

李京全　以論文數量來看，在世界排名約第七、八位左右；風險創業公司數排名較高，大概在二、三位左右。根據某海外機構公告，整體綜合排名落在第五位。韓國早期就有名為「Cyworld」的網路社群，比臉書還早出現，但是很可惜未能好好發展。韓國也是第一個以手機小額支付的國家，以網路和手機共同發展來說，應該沒有比韓國更先進的了。現在雖然中國掘起，但中國是社會主義國家，數據太多了，反而會限制進步。正如科學技術大多在像以色列或阿拉伯地區等較貧瘠的地區有突出的發展，好的數據來自量少而隱私性強的地方。從這一點來看，我認為韓國在AI人工智慧產業中還有相當大的機會。

金美敬　但是仍然有很多人認為AI人工智慧發展越好，就會搶走更多工作。我想這應該是理解不足導致的認知錯誤，藉此機會請再說明一下「Digital Me」。

李京全　最近，我成功減了七、八公斤體重，沒有什麼祕訣，就只是秤體重。先制定目標，每天測量，朝目標體重邁進。而且成功減重並維持了五個月後，我有了另一個目標，現在我需要一個可以測InBody的儀器，而不是體重計。現在我的目標是檢視肌肉量來改變整體形象。如果我們可以量化，就能改進，所謂「Digital Me」，就是隨時自我衡量。

在中國的醫院數據中，每個病患大約有四百個記錄，其中就有人在二十四小時內死亡的記錄。這意味著透過AI人工智慧技術可以有機會讓這個人免於死亡。如果我預先知道這個病人在二十四小時後會死亡，就可以先採取一些措施來阻止。

我目前正在研究，這也就是健康領域的「Digital Me」。在英語能力中「Digital Me」，體重管理也「Digital Me」，像這樣擁有「Digital Me」越多，我就會有越大的進步。

我可以選擇「我想讓自己成為舉重選手」，或用這樣的方式在不同領域給自己設下目標。其實教育原本就是提升每一個人，創造「Digital Me」的工作。

但是，在元宇宙中的「Digital Me」可能會有所不同。另一個我被管理，而現實的我在其幫助下得以提升。這裡談到的提升可能是知識、幸福度、健康、人際關係等各種構成「我」的事物。

金美敬　如此看來，AI人工智慧技術是一種非常接近人類價值觀的技術。我認為這比其它任何技術都能提升人的價值，與人更相似。很期待未來的生活中有AI人工智慧同在，正如您所說的，我也會一起努力，實現那樣的生活。

Lesson 3

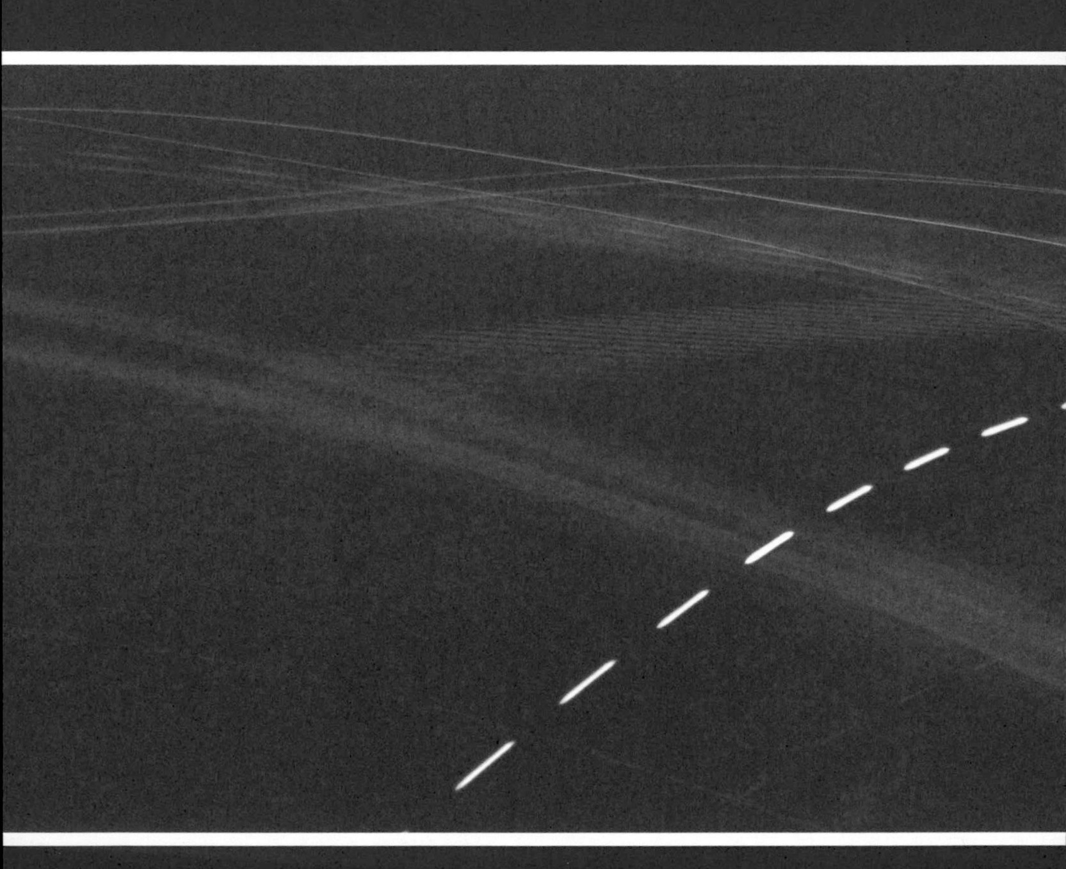

金昇柱

密碼學、網路資安專家、
高麗大學信息保護研究所教授

來自我們，為了我們的「區塊鏈」

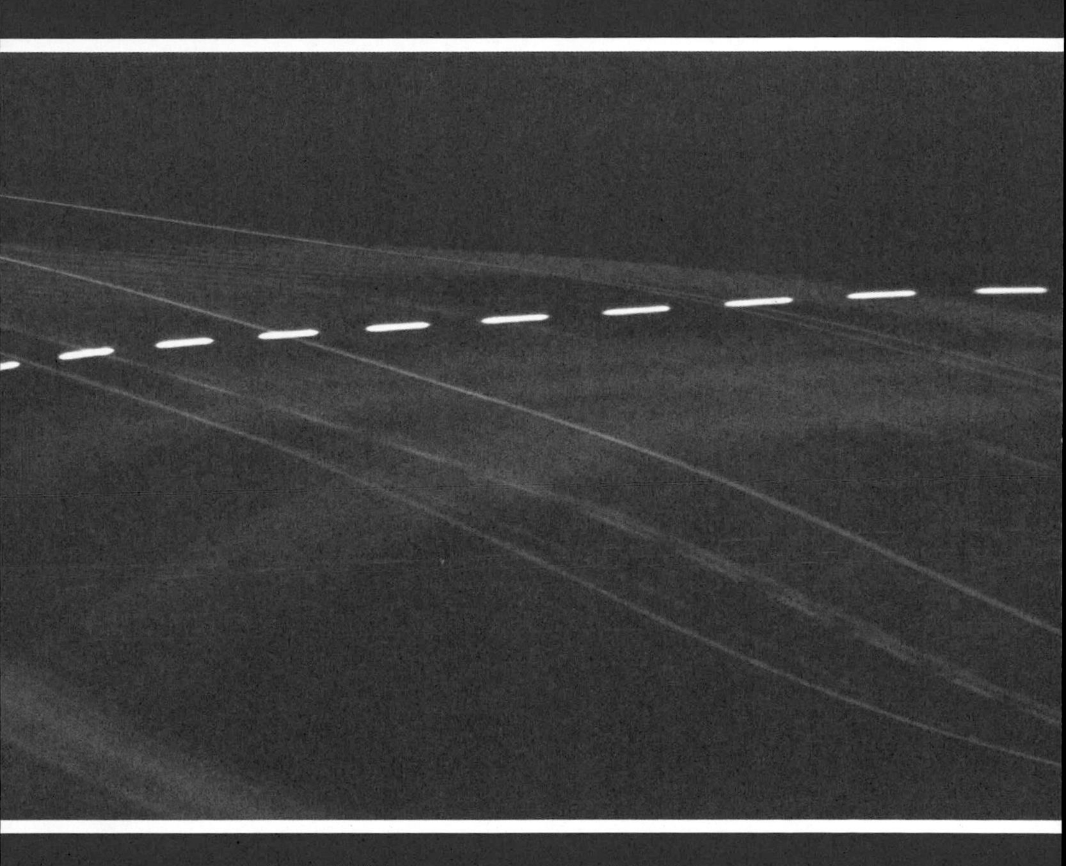

成均館大學密碼學博士。目前擔任總統府直屬第四次工業革命委員會委員、首爾市智慧城市委員會委員、Kakao Bank 諮詢顧問等。曾參與 KBS 電視臺時事節目「明見萬里」中「超連結時代，要共享您的隱私嗎？」單元、「Issue Pick：與老師一起」節目中「加密貨幣的明與暗」及「NFT，是新世界？還是海市蜃樓？」、JTBC 電視臺「差異的 Clas」中「區塊鏈，是新世界？還是海市蜃樓？」單元、 tvN 電視臺「未來課程」節目中「盜取你的未來！無接觸犯罪」元，以及 SBS 電視臺知名節目「家師父一體」而為大眾熟知。在修讀博士時製作的「委任電子簽名」技術被使用於第三代加密貨幣的「艾達幣」（ADA）中。

區塊鏈改變的未來會是什麼樣子？

最初作為不平等和對現實不滿的產物而誕生的虛擬資產，

現在演化成為我們的、來自我們的、為了我們存在的區塊鏈。

拋開利益和價值集中於少數市場支配者的時代，

現在正透過確立共同價值，建立為所有人提供機會的道路。

對於那些夢想未來更公平、更透明的人來說，

沒有比區塊鏈更令人興奮的技術了。

加密貨幣絕對不會消失

近來在媒體上經常可以看到「區塊鏈」（Blockchain），大家都聽過，但真正瞭解其中的人卻很少。很少有人能明確說明區塊鏈與元宇宙或 AI 人工智慧有什麼關係，現在，就全面來瞭解一下這個新鮮的、引起話題的區塊鏈，在我們的生活中扮演什麼樣的角色。

如果想談論區塊鏈，就不得不提到加密貨幣，當然也免不了要說說也是大家所熟知的比特幣（Bitcoin）。首度提出比特幣的一位名為「中本聰」（網路化名）的人，在二〇〇八年十月發表一篇《比特幣：一種對等式的電子現金系統》論文。當時，與比特幣相同的概念被稱為「電子現金」（Electronic cash），但隨著後來成為社會焦點，才會採用這個名稱。因此，如果想瞭解比特幣，必須搜索「電子現金」，才能先找到舊資料。

該論文的作者名為中本聰，看起來像日本人的名字，但實際上他是否為日本人、甚至是否還在世，這些都是謎。網路上還出現了追蹤中本聰的網站，各種主張氾濫，其中最有趣的說法是中本聰並不是人，而是全球 IT 企業聯盟，為了掌握世界經濟而創造了比特幣。

就我個人而言，在進行比特幣講座時，大部分聽眾都會問：「現在該買比特幣嗎？」以及「比特幣會漲到多少？」

但我既非投資專家，也不是經濟學者，當然不會知道。但是，我可以自信並肯定的說，即使比特幣消失了，加密貨幣也永遠不會消失。

對不被追蹤的金錢的渴望

電子現金的歷史比我們想像的還要久。世界上第一個提出電子現金概念的人是美國一位計算機和密碼學家，名叫大衛・喬姆（David Lee Chaum）。他寫的論文全都與「如何在網路空間保護用戶隱私」有關，過去他也被稱為「隱私保護之父」，在現今生活中，他的大部分論文內容都適用於保護用戶隱私。

然而隱私保護之父在一九八二年，也就是比特幣出現的二十六年前，怎麼會製造電子現金呢？在現實世界中，我們有兩種付款方式，信用卡或是現金。信用卡攜帶很方便，但它會記錄你在哪裡花了多少錢。而網路購物的支付方式只有信用卡，等於說在網路購物的所有行跡都可以被追蹤。喬姆博士認為這是一種侵犯隱私的行為，因此才會想到製造一種在網路上不會被追蹤的貨幣。一九八八年他提出《無法追蹤的結算系統》論文，提出在網路可以像現金一樣使用但不會被追蹤的數位貨幣，這就是電子貨幣的起始。

換句話說，電子貨幣存在的理由是匿名性。人想隱藏自己的行為是天性，只要這種慾望不消失，否則電子貨幣就永遠不會消失。但反過來說，因為電子貨幣本身就是為了追求匿名而存在，對政府來說是不利的，因為電子貨幣很可能會因此被有心人士利用，作為逃稅或洗錢的工具。

喬姆博士在一九九〇年設立了名為「Digicash」的電子貨幣公司，但在一九九八年就結束營業。這是過於領先時代的結果。但在一九九〇年代中期，當時在韓國的 COEX 購物商場，就有機器可以將電子貨幣兌換成現金。只是那間公司現在也已經消失了。

如何辨別偽造的電子貨幣？

時而聽聞有人用彩色印表機複印五萬韓圜的鈔票被逮捕，他們不知道鈔票的防偽系統有多徹底。以五萬韓圜面額的鈔票來看，就有各種裝置可以在複製全息圖時立即識破。

然而電子貨幣是在電腦裡面的貨幣，由「1、0、1、0……」這樣的數字信息組成，所以複印後，原件和複件是一樣的，也就是說，要鑑別真假相當困難。例如，若我花五千萬韓圜購買一個比特幣，那麼只要複製十次，就可以變成十個比特幣。如此一來，該如何從技術上阻止這種複製假幣的行為呢？這是電子貨幣的核心問題。

喬姆博士怎麼解決呢？先想想我們如何使用信用卡。我們把信用卡交給店員，店員將信用卡在 POS 終端機刷過，那麼信用卡資訊就會傳送到信用卡公司，確認這張是不是偽卡。如果確認不是偽卡，店家會收到回應，然後 POS 就會列印出簽帳單給顧客簽名。

電子貨幣也是同樣過程，喬姆博士認為，只要由銀行來辨別該電子貨幣是否為偽造品即可。舉例來說，我們向銀行購買了五千萬元的電子貨幣，然後在網路商城購物時使用，網路店家會檢查該電子貨幣的序列號碼，以確定是不是偽造的。如果顯示序號為「一四七七」，就向銀行查詢一四七七過去是否已被使用過，若銀行回報沒有使用記錄就可以收下，反之則交易無法完成。

這時會有人問道，如果每次都查序號，不就可以追蹤是哪個用戶在哪裡花了多少錢嗎？然而，因為網路購物是非面對面的消費，雖然會暴露某個 ID 用了哪個序號的貨幣，但還是只能在註冊資訊上才能查出用戶實名，而且 ID 可以隨時更換，藉此保障匿名性。

區塊鏈是電子貨幣必需的嗎？

二〇〇八年比特幣上市，當年正好發生雷曼兄弟事件的全球金融危機。比特幣創始者中本聰對銀行懷有相當大的敵意，從以下內容中可以看出。

「中央銀行應該被信任，以確保法定貨幣的價值無可爭議，但貨幣的歷史卻充滿了完全違背這種信任的事例。銀行本應保護我們的資金安全，但他們卻盲目地放款而引發信貸泡沫。」

看來中本聰認為銀行是百害而無一益的存在。因此，他想在喬姆原創的電子貨幣模式中排除銀行。但是這樣又會發生什麼事呢？還是必須有人抓出複製使用的貨幣，但扮演這個角色的機構卻消失了。在沒有銀行這個中央監管機構的情況下揪出假貨幣的技術，就是區塊鏈。

在談到加密貨幣時，很多人都誤解了兩件事，一是以為比特幣是世界上最早的電子貨幣，但正如前述，這不是事實，最早的電子貨幣是一九八二年喬姆博士所創建。第二個誤解，是認為必須要有區塊鏈才能製造電子貨幣，但這也是錯的。

製造電子貨幣的方法有兩種。第一種是像喬姆博士的方法，由銀行製作。這被稱為中心化電子貨幣。另一個則是在排除銀行的情況下，利用區塊鏈技術製造，稱為去中心化電子貨幣。

實際上，電子貨幣專家指出浪費稅收的項目就是地方政府製造的電子貨幣。通常地方政府會與銀行合作，這種電子貨幣不需要使用區塊鏈，只要按照喬姆的中心化模式，就可以用非常低的成本製造出電子貨幣。

人人都是監督者

排除銀行建立貨幣體系這個想法，並不是中本聰先想出來的。一八九四年出版的《貨幣金融課堂 Coin's Financial School》（暫譯）一書中，就已經指出「剝奪平民貨幣自由的壟斷集團和銀行，是人民的敵人，應該被驅逐。」進入二十一世紀，出現了「最好將非交易當事人的第三方排除在支付系統之外」的想法，最早實現此想法的就是中本聰。因此，政府或現有銀行將這種去中心化的電子貨幣視為無政府主義者或反動勢力的產物，對此深惡痛絕。

那麼就讓我們看看區塊鏈是如何運作的。這是為了要瞭解區塊鏈技術在沒有中央銀行的情況下，如何能揪出複製使用的假貨幣，實際上並沒有想像中的難。

警察應該抓小偷，但當警察不在時該怎麼辦？人們會自組巡守隊來保護自己。同樣的想法，原本應該由銀行監督抓出假貨幣，既然沒有銀行，電子貨幣的使用者就會齊心協力組織起來，代替銀行的功能。會怎麼做呢？假設我們從網路下載比特幣程式，會有兩種程式安裝在個人電腦上。一個是電子錢包，它就像存摺一樣。另一個就是區塊鏈程式，會三百六十五天二十四小時持續監控，一旦發現有假貨幣會立刻揪出。

舉例來說，有三個比特幣使用者 A、B、C，他們各自在自己的電腦裡下載了電子錢包和區塊鏈程式，二十四小時監視網路，然後記錄在個人電腦上使用了哪些序號的電子貨幣。

從他們的電腦記錄來看，會留下「A 支付給 Y 一四七七號貨幣」，或「B 支付給 Z 一四二三號貨幣」。當某用戶支付貨幣給網路商家時，區塊鏈程式會自動確認該貨幣的序號。如果一四七七號已被使用過，就會出現 A 為了重複使用而複製貨幣的判定。換句話說，沒有了銀行，但所有人都成為監督者。

但在這裡也存在了問題。可能有些人不想安裝比特幣程式，不希望自己的電腦三百六十五天二十四小時都是開機狀態。又或者會發生突然停電導致電腦斷電，那麼三台電腦上的帳本就不一樣了，因為在某個時段呈關機狀態的電腦就不會有那段時間的數據記錄。

假設在安裝區塊鏈程式的 A、B、C 三人中，C 的電腦有一段時間關機了。而這時有人使用了一四七七號貨幣，C 的帳本中就會遺漏一四七七號的使用記錄。日後若有人在網路商店再次使用一四七七號貨幣時，A 和 B 的電腦就會向商店發出「這是假貨幣」的警告，但 C 的電腦會發出「這是正常貨幣」的訊息。像這樣多名用戶發出不同訊息的情況，有個專業術語叫做「拜占庭將軍問題」（Byzantine Fault），即是指各地帳本維護的數據不一樣，相互不一致的情況。

如何克服拜占庭將軍的錯誤？

如何糾正這個錯誤？如何利用區塊鏈改善數據不一致的狀態？解決方法是讓用戶定期將他們的帳本相互核對並糾正錯誤。通常在比特幣中，會以十分鐘為單位進行對帳。那麼三名用戶核對時，發現二人的帳本裡「一四七七、一四二三」是正確記錄，另一人的帳本裡只有「一四二三」是正確記錄，這時該怎麼辦？在這種情況下就採取表決，遵循多數決議，同時錯誤記錄的人要更正自己的帳簿。比特幣使用的區塊鏈每十分鐘就執行一次這樣的對帳工作。

因此在早期，區塊鏈被稱為分散帳本。因為以前銀行擁有的帳本都儲存在個別用戶的電腦上，所以帳本是分散的。我自己在介紹區塊鏈時，常會把區塊鏈稱為一種內建網路投票功能的分散帳本。因為帳本裡的數據不可能總是一樣，因此必須建立投票功能，以表決結果調整數據。

很多人說區塊鏈會改變世界，這不是因為它是分散帳本的原因，而是內建了網路投票功能，從這一點來看，就是可以改變世界的技術。到目前為止，完美的加密貨幣形式尚未出現，但總有一天，以區塊鏈為基礎的電子貨幣會在技術上達到完備，這相當於完美的網路投票技術即將出現。

那麼完美的網路投票技術出現後會發生什麼事情呢？屆時將不再需要選舉國會議員。我們之所以要選出國會議員，就是因為將所有國家事項進行公民投票會耗費太多金錢和時間，所以才會選出國會議員作代表進行表決議案。但是未來網路投票技術一旦完備，國家事項即時提交公民投票就不再是夢想，自然就不需要國會議員了。公司企業也不需要CEO，可以在網路上即時召開股東大會，按照股東持有的股數行使投票權即可。因此，在談論區塊鏈時，經常會討論到「治理」（Governance，一種使所有利益相關者能夠透明和負責任地做出決策以實現共同目標的設置）。

另外，區塊鏈被稱作第四次工業革命的核心技術，原因在於，如果第四次工業革命時代新興的平臺公司以壟斷形式流動，那麼區塊鏈技術就可以牽制他們。當然，技術上要完善還需要一段時間。英國時事週報《經濟學人》（The Economist）將區塊鏈稱為「信託機器」（Trust machine），因為它可以最大限度地減少在操作過程中必須模糊信任營運商或營運機構的問題，這也就是為什麼會有區塊鏈是去權威化的說法的原因。

區塊鏈不可能被破解嗎？

我們再仔細看看比特幣區塊鏈的實際運作方式。有三個比特幣用戶A、B、C。他們各自的分散帳本上，即時記錄了使用比特幣的序號。記錄使用了十分鐘的比特幣序號的文件被稱為「區塊」，大小為1MB左右。十分鐘後，1MB文件會互相傳閱，如果存在不一致的區塊，就會自動進行表決，再根據多數原則，更正區塊上少數不一致的序號。

如此一來，以十分鐘為一個單位結束表決的區塊會繼續生成。但如果將這些區塊直接儲存在硬碟裡會很亂，所以就按照時間順序排列，像鏈子一樣串連起來，這個技術就是「區塊鏈」。

區塊鏈的特點可以概括為四個方面。首先，因為一切都是經過表決的，所以不需要中央管理機關，也就是「去中心化」。第二個特點是永久性，數據一旦被寫入區塊鏈，就無法刪除或修改。如果區塊鏈用戶只有三人，只要徵得三人都同意就可以修改數據，但如果用戶有一億，要動這麼大的數據基本上是不可能的。

第三個特點是透明性。用戶的電腦上都有相同的區塊鏈，因此每個用戶都可以平等地看到相同的數據。最後第四個特點是可用性。例如，如果用戶中的一名電腦被駭客入侵，區塊鏈被刪除，可以從其他用戶那裡複製過來。也就是說，當出現問題時，可以在短時間內恢復到原來的狀態，這被稱為可用性。

區塊鏈最常被誤解的是它不可能被破解，但其實不然。曾有一家電信公司的社長在報上看到文章寫道，區塊鏈不會被破解，於是便指示下屬「使用區塊鏈安全地守護加入我們公司客戶的個人資料」。但是當你將客戶個人資料記錄在區塊鏈上的同時，會發生什麼事情呢？所有區塊鏈的用戶都會看到。其實根本不需要遭受攻擊或破解，因為一旦被記錄在區塊鏈上，就會自動傳播給所有用戶。

換句話說，區塊鏈可以防止數據偽造，但對數據的保密並沒有幫助。因此，基於隱私問題，要利用區塊鏈建立商業模式會比預期困難。所以我們不能在對區塊鏈有錯誤認知的情況下建構商業模式。

區塊鏈激勵系統、挖礦

中本聰似乎是個相當具有經濟頭腦的人。他認為區塊鏈系統永遠不可能實現，因為沒有人會在使用自己個人電腦的儲存空間，同時支付電費，而且還沒有任何補償的情況下自願創建區塊鏈。因此想出了一個獎勵系統，稱為「挖礦」。就像掏金一樣，獎勵努力工作的人。也就是說，要獲得比特幣最基本的方法就是挖礦。

中本聰設計了一個程式，「在一個區塊上記錄、流通、投票、將同步的區塊連接到前一個區塊並單獨儲存」，這四個步驟，成為電子錢包最準確、最快的激勵方式，這個獎勵價值五十個比特幣。但是中本聰的設計，是讓獎勵會隨著時間而自然減少，以避免比特幣成為可以無限鑄造的貨幣。所以目前挖礦的獎勵是六點二五個比特幣，但這仍是一筆鉅款。二〇二一年十一月比特幣價格達到最高點，當時一個比特幣相當於八千萬韓圜，如果是六點二五個比特幣，就足足有五億韓圜。只要努力挖礦十分鐘並獲得第一，你的電子錢包就會有五億韓圜進帳。

如果認真想拿第一應該怎麼做呢？首先你的電腦性能要夠好。因此購買一張高性能顯示卡，提升電腦性能是必須的。所以，如果比特幣價格上漲，在龍山電子商場裡的顯示卡就會被搶購一空。當加密貨幣價格上漲時，股價也會上漲的企業是美國的「NVIDIA」公司，它就是一間製造顯示卡核心零件的公司。

那麼實際上是如何發放獎勵的呢？我們假設有 A、B、C、D、E 五個比特幣用戶，也就是所謂的「礦工」，他們認真地記錄 1MB 區塊中使用的比特幣序號。其中 A 最先完成，於是 A 說：「我完成了 1MB 的文件，大家確認一下吧！」同時分發給其他礦工。其他四人比較過自己正在製作的區塊後，一致同意 A 製作的區塊正確無誤，就是承認了 A 的區塊。以這種方式創建的第一個 1MB 文件就稱為「創世區塊」（Genesis block），而那六點二五比特幣獎勵就會進入 A 的電子錢包裡，同時 A 的區塊會儲存在所有用戶的硬碟中。

然後又過了十分鐘，這次 B 使用高效顯示卡升級電腦性能，最快完成。經過其他人確認，B 製作的區塊也得到一致認可，那麼 B 的區塊就會連接到之前 A 製作的區塊上，獎勵金六點二五比特幣則存入 B 的電子錢包。如此，A 製造的區塊和 B 製造的區塊相互連接形成區塊鏈，並儲存在所有用戶的電腦中，滿足了永久性、透明性、可用性。這樣的程序每十分鐘就會循環一次，這就是區塊鏈的世界。

也許有人會問，區塊鏈每十分鐘增加 1MB，那麼硬碟空間不大的電腦不就無法安裝比特幣程式了嗎？在這種情況下，還是可以查看其他人安裝的區塊鏈，只是無法得到獎勵，因為其他人貢獻了自己的電腦，而沒有安裝區塊鏈程式的人自然會被排除在獎勵之外。歸根究底，還是用戶自己選擇的問題。

虛擬貨幣vs.加密貨幣

最近媒體上經常出現是「中央銀行數字貨幣」（CBDC，Central Bank Digital Currency）、虛擬貨幣（Virtual Currency）和加密貨幣（Cryptocurrency）。最初在在喬姆和中本聰的論文中並沒有這些用語，只有電子現金（Electronic cash），但隨著比特幣成為社會焦點，陸續又出現了加密貨幣、虛擬貨幣等用語。

電子貨幣根據發行者是政府還是民間企業來區分，如果是政府製造，就稱為中央銀行數字貨幣。因為是公家機關製造，所以具有法律效力，這一點與比特幣等加密貨幣不同。據了解，最近中國在製造數字人民幣，那個就是 CBDC。

相反地，民間企業製造的就是虛擬貨幣或加密貨幣，不具法律效力，同時是根據發行者，也就是企業或民間組織制定的條款或條件授予價值。電子貨幣根據實現方式分為集中化以及去中心化。民間企業製造的集中化電子貨幣是虛擬貨幣；去中心化的電子貨幣就是加密貨幣，例如比特幣。

發行主體 實現方式	政府	民間團體／企業
集中化	中央銀行數字貨幣（CBDC）	虛擬貨幣
去中心化(Blockchain)	中央銀行數字貨幣（CBDC）	虛擬貨幣、加密貨幣

電子貨幣的種類

以太坊展示了加密貨幣的可能性

近來，人們對山寨幣（Altcoin）的關注也越來越多。Altcoin 是「Alternative Coin」（替代貨幣）的縮寫，在韓國也稱為「Job-coin」，是指除比特幣以外的其它去中心化的加密貨幣。雖然媒體將山寨幣貶低為垃圾幣，但實際情況並非如此。

以二〇一八年三月為基準，全球共有一千五百二十三個山寨幣，截至二〇二一年五月，山寨幣的數量已破萬，而且還在持續增加中。這股走勢不容小覷。但並非所有貨幣都有意義，其中有相當數量的是詐騙貨幣，因此我們必須正確瞭解這些貨幣的用途。

如果說比特幣是以區塊鏈為基礎的去中心化加密貨幣的開端，那麼真正展現加密貨幣可能性的就是被稱為「以太坊」（Ethereum）的第二代加密貨幣。以太坊是由俄裔加拿大籍的維塔利克・布特林（Vitalik Buterin）所創，他十七歲時從擔任電腦程式設計師的父親那裡，第一次聽到關於比特幣的故事。二〇一三年他十九歲，就發表了以太坊設計圖，二〇一五年正式公開以太坊。據美國經濟雜誌《富比士 Forbes》推算，以二〇二一年為準，年僅二十七歲的布特林的財產為十億美元，是最年輕的億萬富翁。

中本聰顯然對貨幣比區塊鏈更感興趣，因此想製造排除銀行的替代貨幣。相反地，布特林則比較關注區塊鏈。雖然加密貨幣具有去中心化、永久性、可用性、透明性等優點，但他也苦惱只記錄區塊鏈中使用過的加密貨幣的序號是否真的不會有問題。因此在思考能否儲存一些更有益處的東西之際，他想到一個天馬行空的點子，與其在區塊鏈上只儲存貨幣的交易歷史，也就是使用過的貨幣序號，那還不如直接註冊軟體。

但是如果在區塊鏈上註冊程式，會發生什麼事呢？因為透明性，所有安裝了區塊鏈的人都可以看到該程式；基於永久性，一旦在區塊鏈上註冊了程式，就無法刪除或修改。那要如何用這個來賺錢呢？

以太坊並非單純的貨幣，而是平臺

二〇一七年，一間名為「Axiom zen」的加拿大公司打造了名為「謎戀貓」（Crypto Kitties）的貓咪育成電子遊戲。可以用加密貨幣買虛擬小貓，好好養育，然後與其他貓咪配對，待稀有品種的幼貓出生後就可以高價出售賺錢。當時價值一萬美元的貓咪交易量很大，甚至還有價值十萬美元的貓。據估計，這款遊戲的價值達四千萬美元。但它是怎麼賺錢的呢？

目前大部分遊戲公司都提供免費的遊戲應用程式，但以出售遊戲道具來賺錢。遊戲道具中也有相當高價的東西，最具代表性的有 NCSOFT 公司推出的遊戲「天堂」，裡面甚至有一支要上千萬元的劍。但即使玩家花錢購買了道具，也是儲存在遊戲公司的中央伺服器上，如果中央伺服器被駭破解，或公司倒閉，那麼遊戲和道具就會全部化為烏有。

但如果是儲存在區塊鏈上會怎麼樣呢？即使公司倒閉，道具也永遠不會消失，道具會成為財產。這樣的應用程式被稱為「去中心化應用程式」（Decentralized App），簡稱「Dapp」。

布特林透過名為「以太幣」的加密貨幣，創建了一個新概念，就是不僅要註冊區塊鏈中使用貨幣的序號，而且還要註冊程式。在區塊鏈上註冊程式稱為「智慧合約」（Smart contract）。如此一來，人們創建了各種類似「謎戀貓」那樣的 Dapp，並不斷上傳到區塊鏈。布特林只是用以太坊和智慧合約的概念創建了一個區塊鏈，卻讓許多人開始創作和上傳 Dapp。

Dapp 上傳的以太坊就和蘋果的 App Store 一樣，因此以太坊也被稱為是加密貨幣界的蘋果。以太坊不是單純的貨幣，而是一個平臺，相較於比特幣更具有爆發性增長的可能性。

比特幣熱潮最盛的韓國

若製造一個好的軟體應用程式可以讓你一夜致富，同樣的道理，若能做出好的 Dapp，就有機會賺大錢。隨著 Dapp 提供現有一般 App 無法提供的東西，人們開始逐漸關注以太坊。最近成為話題的 NFT，大部分也是在以太坊區塊鏈上運作。由此可知，以太坊區塊鏈具有相當大的爆發力。

不過比特幣和區塊鏈的出現，其實也才只有十幾年的時間，嚴格來說技術尚未完備，因此還是會發生很多問題，其中最大的問題是價格參差不齊。

比特幣論文首次發表是在二〇〇八年十月，而實際啟動是在二〇〇九年一月。二〇一〇年五月二十二日，終於有人使用比特幣首次購買物品，是美國的一位程式設計師，用一萬個比特幣購買了兩個披薩。因此，每年的五月二十二日被稱為「比特幣披薩日」，這是為了紀念首次利用虛擬貨幣進行實物交易。但是，如果那名程式設計師當時沒有用一萬個比特幣買披薩，而是一直存著的話會怎麼樣呢？以二〇二一年十一月為基準，一個比特幣約等於八千萬韓圜左右，那麼他就足足擁有等同八千億韓圜的資產。

總之，比特幣的價格浮動非常大，因此很難預測，但從整體趨勢來看，價格一直在向上發展。實際上大部分加密貨幣都是如此。不過比特幣價格暴漲的原因，中國人和韓國人功不可沒。首先是中國的新興富豪，無不想規避政府當局的控制，將財產留給子女，比特幣對他們具有相當大的吸引力。他們把人民幣換成比特幣，然後在國外再換成美金，進行海外房地產投資或留給子女。

由於這些新興富豪的需求導致比特幣價格飆升，中國政府因而提出禁止比特幣的政策，致使比特幣的價格下跌。有趣的是，這股熱潮傳到了韓國，比特幣的價格又再次上漲。現在韓國政府也意識到這個問題，同樣對比特幣下達禁令。

從外國人的立場來看，中國和韓國無疑是加密貨幣的聖地。二〇一七年《紐約時報》報導，「韓國人口只有美國的六分之一，但加密貨幣交易額比美金還高。沒有其它地區對加密貨幣的熱潮比韓國更盛了。」韓國境內的比特幣熱度持續沸騰中。

去中心化和擴張性問題

繼價格之後，比特幣暴露的另一個問題是「去中心化」。為了比任何人更快製作帳本來獲得獎勵，人們購買無數顯示卡讓電腦升級。但是這種設備大多位在中國，因為中國的電很便宜。在韓國，用個人電腦根本無法跟上速度。根據一項研究結果顯示，擁有比特幣專用設備的前四名礦工以及以太坊的前三名專業礦工壟斷了獎勵措施。

與區塊鏈相關的另一個問題是「擴張性」。在區塊鏈中沒有中央管理機關，一切都是透過投票決定，要想實現規模經濟，就必須確保有一定數量的用戶。但問題是隨著用戶增加，投票時間就會越長，速度會下降。十名用戶與十萬名用所需要的時間當然不同。

比特幣和以太坊使用「公共區塊鏈」(Public Blockchain)，顧名思義，只要是比特幣或以太坊的用戶，都可以在其中創建區塊並獲得獎勵。但問題就在於用戶數越多，速度就越慢。

於是出現了改良的區塊鏈，也就是「聯盟鏈」(Consortium Blockchain)或「私有鏈」(Private Blockchain)。以聯盟鏈為例，如果用戶達到一億，只會從中選出十名用戶，賦予他們管理區塊鏈及可獲得獎勵的權利；而私有鏈則是選出一名代表，全權交給那個人。在利用聯盟鏈或私有鏈的商業模式中，就沒有速度變慢的問題了，但同時也讓人懷疑，這樣還叫區塊鏈嗎？因為這樣就失去了去中心化的宗旨。

但是國外的很多商業模式都使用公共區塊鏈，而在韓國大部分使用聯盟鏈或私有鏈，因為製作起來很容易，也因為這樣，很難取得全球競爭力。

上傳到區塊鏈的「Metoo」

比特幣還有一個問題與電力有關。比特幣消耗的電量已經超過了谷歌、迪士尼樂園、臉書等使用的電量，甚至比瑞士整個國家的用電量還高。因此為了減少耗電，人們正努力創造一種環保的加密貨幣。以太坊也試圖在下一個版本中減少電力消耗。

另外，在創建以區塊鏈為基礎的業務時還要注意個資的問題。北京大學的一名女學生將自己遭受性暴力一事上傳到區塊鏈上。一開始原本是上傳到北京大學的公告欄，但迫於壓力每次上傳完都被刪掉。於是，便思考身邊有沒有一種永不磨滅的裝置，答案就是區塊鏈。本來區塊鏈中的每個區塊只需寫入用加密貨幣交易的記錄，然而這個女學生卻寫下自己的 #Metoo（譴責性騷擾和性侵的主題標籤）內容並發布，雖然不是正常的交易記錄，但她要求進行投票。

根據二〇一八年的調查結果顯示，實際上在區塊鏈中有約百分之一點四的區塊與比特幣交易記錄毫無關係，那些內容有關於兒童性剝削、公司機密、著作權等。

不過讓我們想一想，如果有人將侵犯我個人隱私的內容製作成區塊上傳到網路上，網友們只是為了好玩而點讚，會怎麼樣呢？無法刪除的數據將永久儲存在網路上。由此可知，個資保護問題和區塊鏈是完全相反的概念。

以區塊鏈為基礎的合作社型經濟模式「開放寶市」

現在，讓我們來看看第四次工業革命時代需要區塊鏈的商業模式。首先是免費的網路電商「開放寶市」（OpenBazaar），它看起來就像一般網路購物中心，但不同之處在於可使用的貨幣，也就是說它是一個接受比特幣現金、比特幣 Z Cash 等加密貨幣的網路購物中心。

亞馬遜是現今最強大的網路商城。我把要賣的東西在亞馬遜上架，若有人購買了，商品會配送出去，並向亞馬遜平臺支付手續費。如果是用信用卡支付，也要付給信用卡公司手續費。買賣商品的人越多，亞馬遜等平臺企業賺得就越多，將這套系統搬移到區塊鏈上，就是「開放寶市」。

我把商品放在區塊鏈上，人們看到並購買。但如果在區塊鏈上賣假貨會怎麼樣？在這裡，賣家聲譽也要透過投票進行調查。可以想像一下一般網路賣家也會有評價制度，好的賣家給五顆星，惡劣賣家給一星負評，在區塊鏈上也是同樣原理。只是在這裡並非由實體公司管理，而是人們透過網路投票來進行，而且不需要支付任何手續費。

購買區塊鏈上的商品時，支付方式是使用加密貨幣而非信用卡。例如商品價格是兩個比特幣，我有十個比特幣，支付給賣家兩個，剩餘八個。如果這個開放寶市很受歡迎，聚集的用戶越多，其使用的比特幣價值就會上升。也就是說我現在擁有八個比特幣的價值會變高，賣家收到的那兩個比特幣價值也會變高。在現有的網路電商平臺，利潤是平臺企業和股東獲得，而在區塊鏈的開放寶市中，所有共享加密貨幣的成員都會變富有。

因此，現有網路電商的模式被稱為平臺經濟模式，而像開放寶市那樣的模式則是以區塊鏈為基礎的合作經濟模式，也有人稱為「協議（Protocol）經濟模式」。以色列人引以為傲的即時乘車共享平臺「La'Zooz」[1]，堪稱區塊鏈版的優步（Uber）。這裡不需要中央管理機構，以一種叫做「Zooz」的加密貨幣進行支付，確實是一種新的經濟模式。

賺錢的部落格，去中心化的YouTube

網路上取得成功的商業模式之一就是部落格，但我們使用部落格，實際上真正賺錢的是部落格平臺公司，而且我們的文章、照片都會儲存在該公司的中央伺服器上，如果發表內容與該公司政策不符，就會被要求刪除或修改。最壞的情

1 使用者可在其搜尋到相同路程且仍有座位的汽車，是一種坐順風車的概念。不受第三方管控，乘客支付名為「Zooz」的虛擬貨幣給駕駛，駕駛日後便能透過支付 Zooz 換取共享乘車的服務。

況，是萬一公司倒閉，若個人沒有事先備份，先前儲存的內容就會化為烏有。

一個名為「Steemit」的社交平臺是區塊鏈版的部落格服務。在那裡，我寫的文章不會儲存在平臺內部中央伺服器上，而是儲存在區塊鏈，因此任何人都不能進行刪除或更動。而且，如果內容很好，還可以直接獲得來自其他用戶加密貨幣的「斗內」（贊助），就像星星氣球一樣。事實上自從 Steemit 問世後，許多網路漫畫作家都大舉遷移過去了。

雖然現在 YouTube 是大勢所趨，但背後的老闆——谷歌擁有絕對權限，可以對內容進行審查。因此區塊鏈版分散型 YouTube——「DTube」就出現了。DTube 與 YouTube 的原理相同，但具有與 Steemit 同樣的優勢。

帶來信任的區塊鏈技術

食品衛生在中國一直都是問題，於是中國的沃爾瑪想出對策，在每個商品上標註 QR Code。消費者只要用智慧型手機掃描香腸包裝上的 QR Code，就可以看到香腸原料豬肉的原產地、加工程序等訊息。這些資訊儲存在沃爾瑪的系統中。但有個問題，如果大老闆下達指示，資料隨時都可以被修改或刪除。那麼如果食品履歷記錄在區塊鏈上會怎麼樣？如果食品出了問題，公司高層絕對無法暗地裡將資料刪除或修改，這樣可以大幅提高信賴度。

最近，路易威登（Louis Vuitton）用區塊鏈進行品牌管理而成為話題。以前購買精品，會得到一張精緻的紙本保證卡，但現在名牌精品上會附感測器或 QR Code，精品的序號和生產、購買履歷等相關資料都會儲存在區塊鏈上進行管理。區塊鏈上記錄的資訊不得刪除或修改，是任何人都可以看到的，可以提高信賴並有助於精品的銷售。據了解，目前其它精品也陸續加入路易威登製作的區塊鏈平臺中。

在麻省理工學院，如果學生願意，校方會允許學生將畢業證書放在區塊鏈上，這樣就無法偽造和篡改，而且全世界任何人都可以查到，可以杜絕偽造學歷或造謠情事。然而這項技術我們實際上已經在體驗了，就是韓國疾病控制及預防中心的應用程式「COOV」。在起始畫面中會出現「通過區塊鏈安全管理」的字樣，可以證明已接種過新型冠狀病毒疫苗，並防止偽造接種證明，同時在全世界各地都能隨時提供接種資訊。

聯合國兒童基金會在很久以前就開始全面使用區塊鏈技術管理捐款資料。對此，韓國的紅十字會及國稅廳也在試圖將捐款系統轉換以區塊鏈為基礎的系統。韓國人常用的導航 App——「T-Map」，最近也開始出現「你的安全駕駛排名第幾位」的字樣。賓士汽車對環保駕駛的司機贈送「MobiCoins」作為獎勵，也就是說，用加密貨幣購買駕駛數據。

另外還有個相當值得期待的項目之一，就是「Travel

Grid」。這是國際航空運輸協會推廣的一項服務，使用區塊鏈創建與航空相關的國際標準。當我們搭乘飛機時，最怕的就是拖運行李會不會弄丟，尤其是轉機的時候。Travel Grid 就是將拖運貨物的資訊即時上傳到區塊鏈的服務，日後一旦正式上線，旅客只要下載 App 就可以隨時確認行李的位置。不僅如此，Travel Grid 的核心內容是透過將乘務人員的身分證上傳到區塊鏈，來防止偽造、篡改，並期望更進一步可以透過各種里程積點與加密貨幣兼容使用。

由此可以看出，區塊鏈與加密貨幣結合的發展很多元，勢必會非常活躍。

區塊鏈打破勝者獨食的結構

很多人說，區塊鏈將在第四次工業革命中發揮巨大作用。為什麼呢？首先，在第四次工業革命中，數據非常重要，可說是具體的賺錢手段，所以每個企業都想擁有更多的數據。但是，萬一某個特定企業壟斷了數據，會造成什麼結果？一家獨大的企業會開始向客戶提出不合理的要求。因此，為了防止特定企業壟斷數據，就需要區塊鏈技術。在第四次工業革命時代，透過網路收集的數據不該進入特定公司的中央伺服器中，而是累積在所有人共同管理的區塊鏈上。

現在有很多透過大數據分析而量身訂做的業務，但是到了第四次工業革命時代，以數據為基礎而創業的公司會越來越多。最終，將導向智慧城市的建設。從目前韓國智慧城市的示範項目來看，就可以發現區塊鏈已被視為是一種數據基礎設施。

但加拿大卻反其道而行。加拿大在推動智慧城市時，將谷歌放在應該放置區塊鏈的位置上。民間團體自然為此提出抗議，表示谷歌的壟斷仍然是一個嚴重的問題，如果將一個城市的數據全部轉交給谷歌，城市顯然就等於成了谷歌的人質。民間團體甚至提起訴訟，最後谷歌退出了該項目。幸好韓國政府決定運用區塊鏈技術作為智慧城市的基礎，不過個人隱私保護問題仍然存在。

另外，近來AI人工智慧技術的壟斷問題也經常被提起。也就是說，應該防止谷歌和百度等少數大企業壟斷AI人工智慧平臺，擁有無可匹敵的AI人工智慧技術的公司，同時也是數據壟斷者。因此，要防止特定公司獨佔可以訓練AI人工智慧學習的數據，區塊鏈就可以扮演阻擋的角色。把學習數據儲存在區塊鏈上，開放任何人都可以使用。同時對提供學習數據的個人，給予加密貨幣獎勵。如此一來，區塊鏈上的數據就具有透明化，可以讓任何人查看，從而擺脱學習偏差的爭議。因此，目前國外不斷出現許多為AI人工智慧學習數據創建區塊鏈的公司。

數位世界中的房地產和精品

近來最熱門的話題就是元宇宙。這是一個透過網路化身享受的虛擬世界。因元宇宙而流行的電玩遊戲「機器磚塊」（Roblox），截至二〇二〇年，每天有三千兩百六十萬名活躍用戶進入使用。靠網路廣告賺錢的臉書，用戶一旦進入，平均會停留二十一分鐘，但在機器磚塊裡停留的時間足足有一百五十六分鐘，等於是二個半小時，非常驚人。那麼從網路廣告主的立場來看，當然喜歡機器磚塊更甚於臉書了。

不久前，韓國某大學在元宇宙舉行了新生歡迎會。新生都把自己的化身打扮得漂漂亮亮入場，化身所穿著的服裝中也有名牌精品。在元宇宙的空間裡，甚至出現了買賣虛擬土地的公司，他們在網路空間內買賣首爾昌慶宮或狎鷗亭洞的土地，透過這種方式購買的土地或建築物，還可以租賃或設置廣告看板收取費用。

但有一個問題。你怎麼知道化身穿的衣服是不是真品？即使是數位產品也會有假貨。還有，我在某個地方辦了活動，付了場地費，但要如何確認對方就是真正的地主呢？於是，「NFT」就問世了。簡單來說，NFT可以說是區塊鏈上註冊的權利登記證，是一種數位證書，可以證明這個數位商品屬於誰，或賣給了誰。由於NFT被記錄在區塊鏈上，因此無法偽造、篡改，全世界任何人都可以看到。如此一來，就可以判斷虛擬化身穿搭的精品是不是真正的名牌。

只有了解區塊鏈才能開創未來

事實上，很多人還沒有認識到元宇宙世界的潛力。然而，對於 MZ 世代[2]來說，現實世界是一個有很多侷限的地方，擁有名牌或房地產的都是別人。但在元宇宙就不同了，因為你可以用實惠的價格買到它們。

比起現實世界，MZ 世代更熟悉虛擬世界，因此在那裡他們的化身比現實受到更多對待。所以像「天堂」這類電玩遊戲，玩家等級越高，玩遊戲的時間就越長，因為想多感受被認真對待的感覺。對 MZ 世代來說，虛擬世界也是一種逃避現實的出口，再加上有 NFT 和加密貨幣，可以進行經濟活動，看起來似乎沒有必要在現實世界中受苦。因此加密貨幣、NFT、元宇宙似乎是個完美組合。

MZ 世代對加密貨幣或智慧型手機並沒有排斥感。最近經常被提起的「DeFi」，意思是「去中心化金融」（Decentralized Finance），是一種以區塊鏈為基礎製作的金融服務。前面提到以太坊就像是應用程式平臺，在裡面可以上傳各種應用程式，因此各種 DeFi 服務類的應用程式也會上傳到以太坊。

我們不太信任金融機構，無論購買什麼樣的金融商品，能看到的資訊都只是每個月有多少利息。不知道金融機構如

2 在韓國是指 1981 ～ 2010 年之間出生的人，由 1981 ～ 1996 年之間出生的「M 世代」，以及 1997 ～ 2010 年之間出生的「Z 世代」合成的詞彙。特點是善用網際網路、行動裝置和社群媒體，因此又被稱為「數位原住民」（Digital Natives）。

何運用我的錢，總共賺了多少利潤，他們自己拿了多少。但由於 Defi 在區塊鏈上，因此資訊是公開透明的，錢如何運用、產生多少利潤、我拿到多少，都可以一目了然。透明度是 Defi 的核心。未來這樣透明的金融服務會越來越普及，而區塊鏈就是中心。

但仍然有很多人認為加密貨幣沒有價值，不理解為什麼要投資看不見的東西。那些人只知道比特幣，比特幣雖然以貨幣為主，但在以太坊之後推出的技術都各有特色，與 AI 人工智慧和元宇宙也配合得很好。就像蘋果、三星都擁有各自的優勢技術，加密貨幣和區塊鏈也應該被視為技術，而非只是狹義的貨幣或程式。

若想正確投資加密貨幣或區塊鏈企業，就必須具備一定程度的知識，瞭解想投資的標的與其它有什麼區別。最重要的是，若要成為第四次工業革命的領先者，我們需要比其他人知道得更多，而這些知識的核心就是區塊鏈。

Interview

區塊鏈是創造新世界的經濟基礎設施。

金美敬 × 金昇柱 × 鄭智勳

金美敬　區塊鏈是從什麼時候開始成為討論話題的？

鄭智勳　包括比特幣在內的區塊鏈技術其實已經存在很久了。二〇一七年，韓國幾個交易所成立，進行大量資金交易，因而讓韓國聲名大噪。事實上，區塊鏈技術就像是進化的網際網路一樣，但現在這些基本特質已經消失，人們談論的重點只在於貨幣價格，這點很令人惋惜。

金美敬　區塊鏈不是貨幣嗎？

金昇柱　剛開始只是一個為了製造貨幣的附帶手段。但是隨著第四次工業革命時代核心基礎設施的建立，區塊鏈獨立誕生，開創了新的商業模式。這也就是為什麼會有「區塊鏈革命」這種說法，另一方面，就沒有所謂的「加密貨幣革命」。

金美敬　區塊鏈打造的網路新世界最大的優勢是什麼？

金昇柱　由於網路由數據資訊構成，所以有可能會被偽造或更改。但如果使用區塊鏈，所有資訊都是公開透明，無法隨意破壞，這就是區塊鏈的最大優點。

金美敬　透明是很好，但若是想消除卻消不掉該怎麼辦呢？

鄭智勳　所以要小心使用。要超越「數位素養」（Digital literacy。利用認知和技術技能，使用資訊和通訊技術來尋找，評估，建立和交流資訊的能力），培養「區塊鏈素養」。必須清楚認知到當記錄在區塊鏈上的瞬間，就無法進行修改。充分理解這個社會的新原則很重要。

金昇柱　就像網路有好處也會有副作用，有積極的一面就會有消極的一面，區塊鏈也是如此。但是技術越新，我們越不了解，那麼一旦出現一點小問題就會越容易放大檢視。然而沒有一個技術是完美無缺的，因此，必須明確瞭解技術的優缺點，並好好運用，才能凸顯優勢。

金美敬　我在一本書中讀到過，「沒有什麼比在市場上犯了一個小錯誤之後就不再關注市場更愚蠢的了。」應該就是這個意思吧。

鄭智勳　網路本來就是為了廣泛傳播而創建的技術，所以只集中在傳播力，並未考慮到安全性和透明度。因此，在商業交易和實物經濟方面，存在不可避免的弱點。然而隨著區塊鏈技術的出現，似乎開始彌補了當初網路的侷限性和缺點。

金美敬　我上傳到YouTube頻道的影片有2000個左右，但是我的影片的價值並非由我決定，而是由谷歌來決定。谷歌作為中介者，會自行劃分等級、附加廣告、自行分潤，同時還會隨意判斷影片並刪除帳號，這很明顯是橫行霸道。但就目前的平臺來說，它擁有最大的市場，所以我只能忍氣吞聲。其實不只是YouTube，我們使用的所有開放平臺都一樣。但是，隨著區塊鏈技術的發展，那些中介者的力量一旦消失，這種平臺的橫行霸道就會得到改善，不是嗎？

金昇柱　你可以把平臺企業模式變成合作模式，這也被稱為協議經濟模式。但也有人說，像谷歌和亞馬遜的力量這麼大，如何能競爭？不過就像買電腦，有人喜歡大品牌的成品，也有人喜歡電子商場的組裝電腦。有人喜歡坐一般計程車行的車子，也有人喜歡坐由司機共同組成合作社的車子。這都是個人的選擇。

當區塊鏈商業模式出現，現有的並不會全部消失，兩者應該會共存。我們可以按照自己的價值標準來挑選和使用，在共存一段時間後，更有價值的一方就會成為最終的生存者。

鄭智勳　平臺企業真正最害怕的是協議經濟。因為當以區塊鏈為基礎的去中心化系統大量傳播時，損害會最嚴重。但是大部分的網路企業實際上引領了網路革命，因此，目前這些平臺企業正努力研究區塊鏈技術，希望能與之結合。

舉例來說，隨著DTube的發展，YouTube將不得不改變，將原本擁有所有權的東西分給內容製作者。像這樣就算只有一點點改變，我們也會努力嘗試去中心化。

金昇柱　以前有一家公司研究可以用區塊鏈做什麼，但最終結論是目前沒有什麼是需要立即使用到區塊鏈的事。那家公司目前是平臺企業，在業界居領先地位，所以沒有必要馬上轉換模式。但仍決定建立一個區塊鏈相關小組做一些事，有朝一日，可能會出現以區塊鏈為基礎的競爭模式。因此我們在累積技術的同時，也要密切關注趨勢，做好應對準備。

金美敬　我想MZ世代追求的公平和透明的價值觀，最後將引領時代。這個世代就出生在公正、透明、共享的時代，因此對他們來說，區塊鏈技術是最適合的。

鄭智勳　最近從NFT開始，有很多新成立的組織，主導者大部分都是二十多歲的年輕人。對我們這一代來說，堅持使用經過驗證的現有系統會更有效果，但年輕一代肯定會有不同的看法。

金美敬　我突然有種感覺，NFT是人。舉例來說，「金美敬的講座」有什麼人可以做得一模一樣呢？換句話說，「我」就是NFT。但是，當金美敬的影片上傳後，其實就可以被複製了。在這樣的世界裡生活一段時間後，再透過區塊鏈重新找回原來的模樣。「不是說金美敬不能複製嗎？那麼我就跟原版的金美敬進行交易。」這就是區塊鏈的世界吧？

金昇柱　數位世界雖然具有快速傳播的優勢，但也容易複製，反而會稀釋原作的價值。因此，數位作品的價值很難得到適當的認可。但NFT的出現，使得價值獲得認可，同時隨著與元宇宙的結合，也開啟了其它新的市場。

金美敬　如果創作者能以更好的方式連接 NFT，那就太好了。

鄭智勳　即使在現有市場上，大量生產的商品價值也很難被認可，但如果是限量，例如只推出十個限量版，那麼價值就會上升。也就是說，在非數位世界中，其實原本就存在著NFT概念。只是隨著數位經濟的進入，讓這期間未被認可的價值因NFT的技術特性而凸顯出來。

金美敬　區塊鏈將如何改變市場？

金昇柱　智慧合約。如果普及的話，幾乎所有都可以自動化。現在網路銀行名為自動化系統，但實際上在銀行裡有人管理。但是如果使用智慧合約，就能將自動化最大化，消除在組織裡實際工作人員的需求。

另外還可以考慮一下集資。這是向人們籌集資金進行投資，由一個人來決定投資標的。當錢存入一個帳戶中，那個人就會代替大家投資，並分享利潤。然而，當使用區塊鏈和智慧合約進行集資時，那個人就變成「我們」。區塊鏈內建網路投票功能，人們可以將資金集中在加密貨幣中，然後投票決定投資標的。換句話說，統籌一切的中央機構將消失。這樣一來，和原來集資的效果一樣，只是過程不同。未來許多商務模式將會走向這樣的趨勢。

金美敬　所以區塊鏈的核心是沒有中介者。

鄭智勳　從職業變動情況來看，中間管理層部分消失，與中間管理層相關的東西被最小化。這對於親自製作東西以及直接消費的人來說是件好事，因為分配給中間管理者的部分會變少。

金昇柱　因此，以太坊的創建者布特林有一句名言：「現有的自動化使基層用戶應該做的部分自動化了，因此中間管理層可以取得利益。但是區塊鏈是將中間管理層自動化，將利益返還給基層用戶。」

鄭智勳　沒錯。就拿銀行來說，如果銀行消失了，對銀行員工來說是壞事，但是對很多使用銀行的人卻是好事。

金美敬　為了更便利的信任關係，我們向銀行支付手續費並委託管理，若是這個過程消失的話，剛開始可能會遇到困難。如果不學習新的生態，不就無法適應了嗎？

鄭智勳　我想實際上應該不至於太難。即使銀行消失，從事銀行業務的人會留下，他們只是不再從銀行領取薪資，但可以直接向用戶收取手續費，進行同樣的業務。也就是說，必要價值會留下，只有中間的既得利益者（公司）會消失。

金昇柱　集資也一樣，集資的人不會消失，而是收集資金進行投資的「個人」消失而已。

鄭智勳　我認為這就是世界未來的發展方向。從投資領域來看，以前投資技術本身就相當困難，但現在隨著證券交易系統的出現，個人投資股票變得非常容易。也就是用戶變多，維持系統所需的人減少。社會將逐漸朝這個方向發展，朝著對實際用戶更有利的方向發展。

金美敬　有沒有什麼建議可以給想展開NFT事業的人參考呢？

金昇柱　現在有製作NFT樣本的網站。例如，你去Krafter.space，就可以體驗創建NFT。還有一個以銷售NFT產品而著名的平臺「Opensea」，可以在這裡試著銷售自己的商品。可以多累積經驗，但首先要消除恐懼。

金美敬　我們在NFT買的東西不是實體的對吧？

金昇柱　可以把NFT看作是一種登記權憑證，我們購買的是它所附帶的內容。

金美敬　無論如何，都不是可以帶回家的東西，會一直在那裡。

金昇柱　確實如此。但是它是以NFT格式為數位商品創建一個保證，並註冊在區塊鏈上。如果你轉售，權利就會轉移。假如你去某個購物平臺，發現你購買的數位商品在那裡販售，但你並未出售，你就可以提出對該商品版權的質疑。要使用數位商品必須支付費用，且運用這些費用的公司。因為NFT與版權關係密切，因此在購買時一定要確認原作者是否出售過。

鄭智勳　數位內容也可供租賃。如果使用租借服務，就要按期間支付給原作者一定金額。流通平臺越多，就對作者越有利。目前NFT最知名的交易平臺是Opensea，一個月的交易額可以達三十四兆韓圜。之所以能發展到這種規模，是因為他們並未壟斷市場，而是採取了開放API（應用程式開發介面）形式。現在已經出現了數十個獨立平臺。

金昇柱　就像App Store一樣。以前我要思考該如何銷售我製作的程式，但有了App Store後，我只要把程式上傳就可以了。因為這樣，NFT 也大大降低了業餘者進入市場的門檻。

金美敬　這樣的話個人事業就會變得非常活躍。

鄭智勳　沒錯。在谷歌工作的著名經濟學家兼未來學者哈爾．范里安（Hal Varian）就說這是處理微秒（Microsecond，百萬分之一秒）的微經濟。指的就是以個人為中心的經濟。

金昇柱　所以現在的年輕學生和老一輩的人認知完全不同。現在我也完全不怕自己創業，不害怕和朋友一起創業，不害怕在國外生活。現在平臺太多了，你不需要懂外語，只要會用App，語言不再有障礙。

金美敬　區塊鏈似乎就是創造新世界的經濟基礎設施。是AI

人工智慧，是可以將元宇宙連接起來進行交易的基礎設施。

金昇柱　這是一個如果你不遵循基本原則就會不便利的時代。只有讓自己的腳步跟上世界的腳步，才能活得舒心。我相信，對區塊鏈的瞭解會讓我們所有人擺脫對未來的焦慮，為生活注入新的活力。

Lesson 4

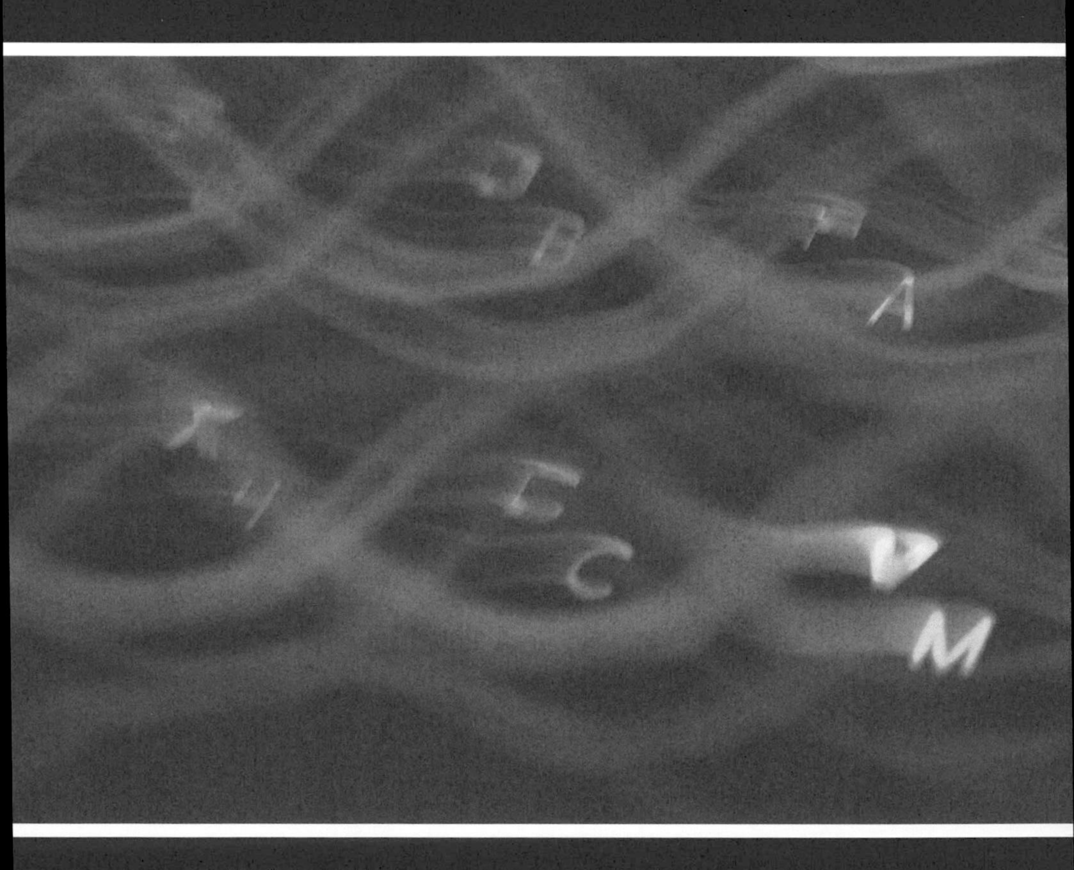

金世奎

元宇宙VR CG產業公司

VIVE STUDIOS代表

完全逼真的數位，VR／AR

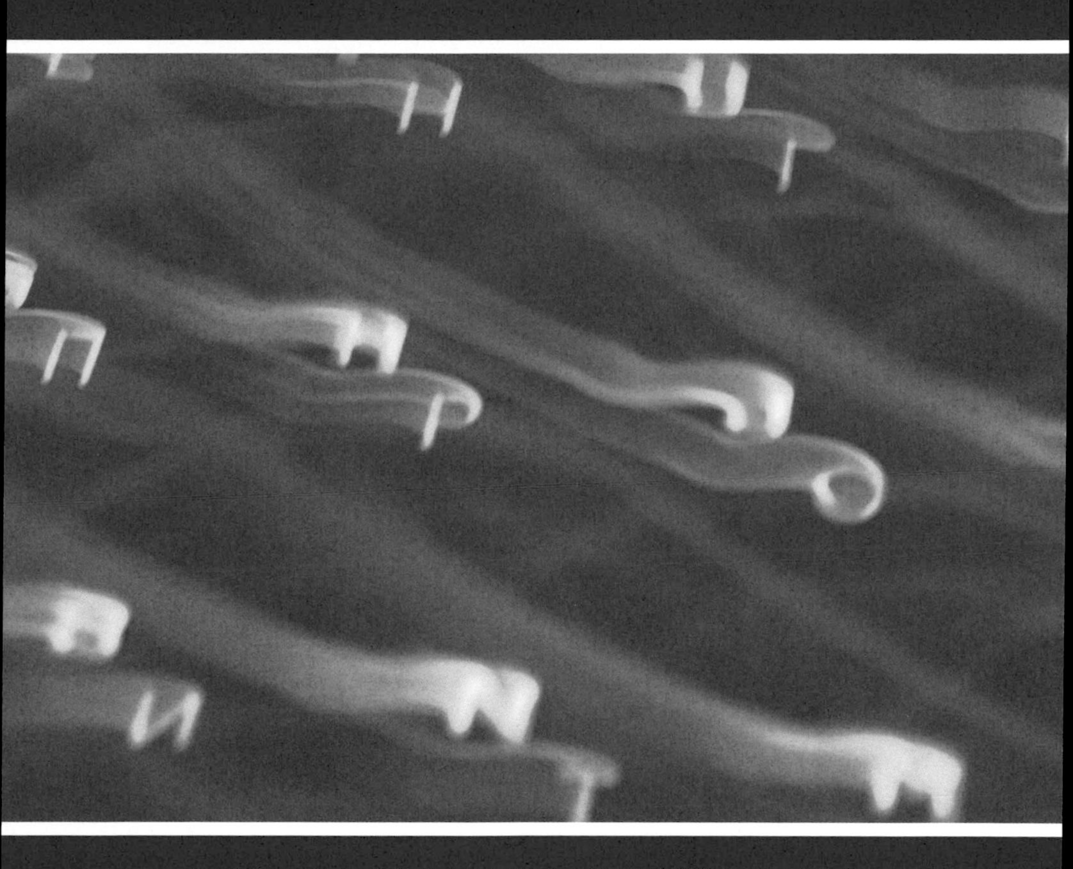

2020 年為 MBC VR 紀錄片「遇見你」，以虛擬實境技術讓主角與去世的家人見面而掀起話題。同年並在 Mnet 亞洲音樂大獎上展示了用全像攝影技術

隨著虛擬實境和擴增實境技術的發展，

2030 年，將實現一個可以同時滿足五感，

體驗完全逼真的數位環境。

戴上 VR ／ AR 眼鏡，以化身所體驗的世界，

與透過智慧型手機體驗的虛擬世界是不同的層次。

然而，創造 VR ／ AR 虛擬世界的規劃者是人。

技術只是輔助，現在可以說是以我自己的故事和世界觀

一同認真地創造價值。

沒有自己的內容就絕對無法成功的未來即將到來。

以全像攝影瞬間移動的時代

目前虛擬實境（VR）及擴增實境（AR）的技術發展到什麼地步了呢？我們先追溯一下歷史。一九六八年哈佛大學教授伊凡．蘇澤蘭（Ivan Sutherland）所開發，史上最早的VR眼鏡，也稱VRHMD。HMD （Head Mounted Display）是頭戴式顯示裝置，像護目鏡一樣。該設備酷似在動畫片「電馭判客」（Cyberpunk）中才會出現的道具，但耳機太大、太重，只能掛在天花板上使用。這很容易理解，因為當時VR技術才剛剛起步，但相關硬體設備從一九六〇年代起就一直持續開發。

二〇一四年上映的電影「金牌特務」（Kingsman）中的一個場面——全像攝影會議。電影中分布全球各地的特務都戴著AR眼鏡，以全像投影出現在倫敦的會議室開會，彷彿大家真的在同一個空間裡一樣。

那只是電影裡才會有的場面嗎？這種只有在遙遠未來才能看到的場面，其實已經出現在真實生活中。二〇二一年三月，微軟在年度開發者大會「Ignite2021」上公開了以混合實境（MR）為基礎的合作平臺「Mesh」，並宣布將在二〇二二年正式啟用，用戶只要戴上AR眼鏡，就可以在自己家裡，以用全像投影把在海外的夥伴召集起來，像在同一個空間裡見面一樣。

微軟稱此技術為「全像瞬移」（Holoportation），代表以全像攝影技術瞬間移動的意思。只要一個手勢點擊渲染，就可以隨時隨地不受限制地一起工作交流，想像成為現實，就像電影「金牌特務」中的全像攝影會議，在現實生活中也可以實現。現實技術與電影中的差異，只在於大小和分辨率而已。

揭開VR 頭戴顯示裝置普及化的序幕

在詳細談論 VR 和 AR 之前，我們先瞭解一下 VR 和 AR 是什麼。事實上，就算是業界人士有時也會把 VR 和 AR 混為一談，造成誤解。

VR 是虛擬實境（Virtual Reality），簡單來說，只要戴上一種將像護目鏡一樣的特殊裝備，就能看到透過電腦圖像顯現的虛擬空間的技術。換句話說，是透過遮擋用戶視線的特殊設備，讓用戶進入一個與現實不同的虛擬世界。市面上看到的 Oculus Quest、HTC Vive、三星 Gear VR 等就是可以體驗虛擬實境的 VR 設備。

二〇一八年導演史蒂芬．史匹柏發表了一部電影，被譽為是對未來社會最真實描述的作品。據瞭解他在構思這部電影時，邀請了著名的未來學者，進行很多討論，還參考了大量論文。這是哪一部電影呢？

就是二〇一八年上映的「一級玩家」（Ready Player

One）。該片描寫二〇四五年，人們普遍生活在冷漠、疲憊的現實中，透過 VR 裝置，得以徜徉在遊戲世界、類現實世界、虛擬俱樂部等一切皆有可能發生的虛擬世界裡。有趣的是，在該片中描繪的虛擬世界與我們 VIVE STUDIOS 構想的元宇宙主題公園非常相似。

VR 具有完全進入虛擬世界的概念，比在現實世界中加入虛擬事物或環境的 AR 更具沉浸感。但是 VR 未能普及的最大原因在必須佩戴 HMD。早期 HMD 等虛擬實境設備很重，分辨率也很差。後來分辨率逐漸從 HD 提升到 Full HD，再到現在的 4K、8K，但是佩戴的不便依然存在。不方便是因為它並非由設備本身驅動，而是必須連接到高性能電腦上才能使用。不過，若使用高階的電腦和 HMD，相對的沉浸感就比較高。

臉書創辦人馬克·祖克伯（Mark Zuckerberg）在二〇一四年以兩兆韓圜的價格收購了二十人左右的小規模 VR 新創公司「Oculus」，備受業界矚目，如今 Oculus 在 VR 設備的市場上已躍升為領先位置。二〇二〇年十月，Oculus 推出的 VR 頭戴式裝置「Oculus Quest 2」，一上市的銷售速度就與 iPhone 初期上市時的速度一樣快，就此揭開 VR 頭戴顯示裝置普及化的序幕。

Oculus Quest 2 本身就具備了一切，所以用戶不需要再與電腦連線。雖然佩戴感仍然沒有達到令人滿意的水準，但與過去相比還是有相當大的改善。到二〇二一年中期為止，銷售大概破千萬臺，而且後勢驚人。可見只要克服沉重這個問題，預計銷量都是樂觀的。

附帶一提，目前在該平臺推出遊戲的公司中，排名第一的公司銷售額約為一千億韓圜。由於目前內容並不多，因此業界將虛擬實境內容視為比手機遊戲更有潛力的藍海。

擴增實境的代表——「寶可夢GO」

接下來談談 AR，擴增實境（Augmented Reality），最具代表性的例子就是「寶可夢 GO」。只要打開智慧型手機上的 App，朝向周圍某處，手機畫面中就會出現虛擬的「寶可夢」。像這樣在現實環境中結合虛擬世界的技術就是 AR。

與完全用虛擬世界代替現實世界的 VR 不同，AR 以現實世界為基礎，加入 3D 圖像。透過 AR 眼鏡或手機鏡頭，將電腦製作的內容或圖像疊加在現實世界中。VIVES STUDIOS 在二〇二〇年與起亞汽車（KIA）一起製作，非面對面客戶體驗移動的應用程式「KIA Play AR」就是一個例子。

只要用智慧型手機連接「KIA Play AR」應用程式，就可以體驗不同款式的汽車外觀和內部設計，還可以查看車輛的關鍵功能。透過 AR 眼鏡，就可以在解放雙手的狀態下獲得逼真的體驗。

AR 不需要像 VR 一樣的特殊裝置，也可以透過手機等現有設備體驗，可以說進入的門檻相對較低，因此現在市場規模正在擴大。特別是透過智慧型手機提供服務的 AR，未來發展不容小覷。

結合AR和VR優點的「混合實境」

接下來要談的是混合實境 MR（Mixed Reality），顧名思義就是混合 VR 以及 AR 的技術。最具代表性的例子就是前面提到的微軟「Mesh」。為了使用 Mesh，需要有「全像透鏡」（HoloLens）這樣的設備，實際佩戴後，沉浸感會比看顯示器時更高。MR 是一種將真實物體掃描的 3D 圖像輸出到真實螢幕上，並對其進行自由操作的方法，與完全顯示虛擬影像的 VR，以及將虛擬圖像疊加在真實螢幕上的 AR 不同。MR 可以利用手勢追蹤系統（Handtracking。利用內置的相機識別用戶的手部動作，在虛擬實境內容上體現的方式）技術進行縮小和放大，虛擬現實與現實世界融合，使用戶能夠與虛擬信息進行交互作用。

MR 可以做到直觀識別。在接下來的圖片當中可以看出其中的差異。左邊是 VR 畫面，一隻完全進入虛擬世界的鴨子。右邊是 AR，很明顯可以看出鴨子疊加在現實影像之上。中間則是 MR，可以識別出圖中房間裡的實際結構和物體，以及自然放置在其中的鴨子。MR 結合了 AR 和 VR 的優點，實現更高階的虛擬世界。由於它是繼 AR、VR 之後出現的最新技術，未來的發展潛力無可限量。

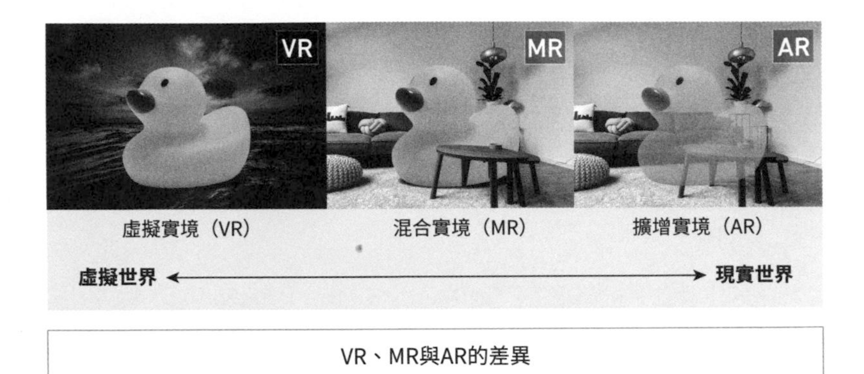

VR、MR與AR的差異

總結一下，虛擬世界越完整就越往左，越接近真實世界就越往右，MR 則是在中間。在這裡，VR、AR、MR 統稱為 XR（eXtended Reality），即延展實境。由於新冠疫情，二〇二〇年舉行了許多 K-pop 藝人的非接觸式現場表演，使用的就是 XR 技術。

第四個技術平臺的出現

現在讓我們看看 AR 和 VR 會為我們的日常生活帶來哪些變化。就 VR 而言，等於是矇著眼睛觀看的情況，身體的自由度大幅降低，對產業的波及效果較小。但是 AR 在實際產業中就可以應用到各個領域，而且 AR 可以擴增的不僅僅是物體，還可以擴增顯示器，例如電視、筆電、電影的大螢幕等。如果是這樣，將來可能就不需要現有的顯示器。只要戴上裝置進入虛擬世界，裡面就會有自己的電視和筆電。或許不久的將來，世界將透過 AR 眼鏡面臨重大變革。

到目前為止，人類使用的媒體平臺發生過三次革命。首先是一九九〇年代個人電腦普及化。這使得透過固定的終端連接到數據網路成為可能；第二次是兩千年代的網路革命，讓人們可以透過社交網路連接關係；第三次是二〇〇七年以後登場的智慧型手機革命。早期網路透過電纜線連接，必須在家或辦公室才能上網，但現在進入無線網路移動時代，地球七十億人口無論何時在哪裡都可以連接。事實上，這也是元宇宙的起點。

二〇一五年時，媒體就預測智慧型手機將在幾年內成為人們使用的唯一電腦。但現在我們生活在家裡每個房間都可以用手機觀看不同內容的時代。繼電腦、網路、手機之後，第四次革命出現了新的平臺。

二〇二〇年代以後，連接以元宇宙為基礎的虛擬世界的時代來臨。雖說終於用 3D 技術打造了元宇宙平臺，但現在的元宇宙平臺大部分都是在智慧型手機上體驗到的。但是，如果不是透過手機，而是經由這些技術優化的設備來體驗 VR、AR 和 MR，會怎麼樣呢？結果會再次製造適合的平臺和內容，而我想那一天不會太遠。

IT科技新戰場，VR／AR

全球市值排名前十大企業中有六家已經推出或正準備推出 VR ／ AR 耳機、平臺、遊戲。其中，我個人最關注的是蘋果。蘋果透過麥金塔使電腦大眾化，又透過 iPhone 掀起行動革命。但蘋果的強項不僅是製造硬體，還有軟體，就是 iOS。據了解，蘋果正準備在二〇二三年發表 XR 眼鏡以取代智慧型手機。我們從個人電腦、個人智慧型手機，正走向個人 VR ／ AR 眼鏡的時代。或許當蘋果發表新設備時，成熟的元宇宙時代也會開啟。

虛擬實境平臺上的競爭也非常激烈。這是個無論使用 VR ／ AR 耳機、手機、筆電，即使距離很遠，還是可以像在同一個空間一樣工作和交流的平臺。代表性的就是微軟的 Mesh。同時，臉書也把存活寄託在虛擬實境平臺上。二〇二一年十月，臉書乾脆把名稱改為「META」，並公開了元宇宙平臺「Horizon World」。

VR／AR技術將成為新的大趨勢

在即將到來的新型電子商務市場中，VR ／ AR 技術也展現出不凡的活力。VR ／ AR 技術才是為消費者帶來新的體驗，超越網路購物侷限的「大趨勢」。

二〇二〇年，我們 VIVES STUDIOS 與起亞汽車合作，舉辦了新車發表會「嘉年華 on AR」，當時迴響非常熱烈。在舉行發表會的表演空間裡，將實體汽車、擴增實境的汽車、虛擬實境的汽車三者連接在一起，同時拆解產品和說明特殊功能。舉例來說，如果要展現在沙漠中的驅動力，就可以帶入虛擬實境，在攝影棚中看到汽車實際在沙漠中行駛的場面。像這樣利用 AR 技術，就可以進行真正詳細、有實感的說明和獨特的活動。

IKEA的AR App 「IKEA Place」

國際品牌也積極利用 VR ／ AR 技術，引入市場行銷及品牌推廣。沃爾瑪在二〇二〇年推出一間在 VR 中實現的虛擬網路商店，家具專賣店宜家（IKEA）也透過 AR 應用程式，可以為顧客的家預先安排家具。其實，在選購家具時最擔心的就是到底適不適合我們的家。過去只能靠想像力，但如今宜家家居已經製作了超過兩千個家具的 3D 影像，讓消費者可以自由地在家中安排配置。目前雖然仍是用手機 App 來體驗，但在未來若推出 AR 眼鏡，就可以用自己的眼睛感受。

在時尚領域，透過 VR ／ AR 提前試穿的虛擬試衣間正成為時尚的未來。全球頂級社群平臺 Snapchat 推出一項服務，允許用戶使用 Snapchat 引入 AR 功能，可以提前試穿古馳（GUCCI）、迪奧（Dior）運動鞋等服務。得益於此，Snapchat 在新冠疫情期間市價成長了四倍。

據了解，透過 AR 提前試穿過衣服或鞋子的人，購買轉化率提高了五倍。此外，平均退貨率為百分之三十八，但透過 AR 購物體驗後購買的退貨率僅為百分之二。因此，愛立信消費者實驗室（Ericsson Consumer Lab）表示：「也許十年後可以體驗到同時滿足人類五感的完全逼真的數位環境。」

VR／AR彌補現實的侷限性

VR ／ AR 是融合虛擬世界和現實世界的技術，因此可以展現超越現實世界侷限的革新。特別是因為新冠疫情，使得移動受到限制，人們被迫非面對面交流，利用 VR ／ AR 技術的診斷和醫療服務變得更活躍。最重要的是 VR ／ AR 技術在醫學教育領域很有用，如果善用 VR ／ AR 技術，像解剖這種醫學院的必修課就可以進行得更流暢，利用將人體帶入虛擬空間來模擬解剖場景，可以讓上課過程更逼真。

這種醫學模擬可以創造與患者身體條件相同的環境，並可以進行數百次、數千次測試，因此能明顯降低副作用或失誤的可能性。另外，還可以藉由 VR ／ AR 以 3D 檢視器官，向患者說明手術過程。

VR ／ AR 技術也用於疼痛和復健治療。VR 眼鏡可以提供給人一種身歷其境的感覺，有助於減輕患者的疼痛。美國一家醫院曾讓兒童患者使用 VR 設備，在血液檢查時明顯感覺沒那麼疼痛，還有兒童燒燙傷患者的不適也顯著減輕了。

在需要專業技能或涉及風險的工作環境中，可以利用 VR ／ AR 技術以更安全、更高效的方式訓練員工。近年來更廣泛用在軍隊的模擬訓練，像在實際訓練失誤可能發生事故的環境下，事前模擬可以大大降低事故發生的風險。另外像結合 AR 眼鏡追逐一組虛擬的敵人，也是一種比實際訓練更能讓軍人熟悉戰術的訓練方式。

VR ／ AR 技術在汽車維修業也非常有用。對訓練複雜的飛機和船艦駕駛人員有一定的效果。尤其是像模擬火災這類的安全測試，沒有比 VR ／ AR 技術更好的了。

完全逼真的數位環境即將來臨

VR ／ AR 技術的發展會給工作場域帶來很多變化。虛擬辦公室、居家辦公和遠端教育等也將增加。根據美國 CBS 電視問卷調查結果顯示，有百分之二十五的受訪者表示，如果可以在家辦公，將搬到生活成本較低的地方。臉書創辦人祖克伯也在接受媒體採訪時表示：「未來在享受大城市優點的同時，將有更多時間陪伴家人，但不需要花費像大城市那樣高昂的生活成本。」隨著居家辦公、遠距辦公的普及，全球各地的人們將有更多時間待在家裡，而與此相關的事業和服務前景也會看好。

另外賺錢的方式也會產生變化。隨著業務和消費在虛擬空間進行，新形態的職業也將誕生。也許未來有潛力的職業就是虛擬／ 3D 藝術家、虛擬化身設計師、虛擬空間活動企劃、內容企劃、內容作家。此外，AI 人工智慧、自動化、數位化無法取代的人類能力，將受到更多關注。

未來 VR ／ AR 技術也將廣泛應用在教育領域。目前很多教學都使用智慧型手機或平板電腦輔助，如果 AR 眼鏡上市，最快適用的應該就是課堂教學。運用 VR ／ AR 可以營造讓學生親身體驗、主動學習的環境，實現直觀、逼真的課程。例如，在學習高句麗壁畫或埃及金字塔時，老師和學生只要戴上 AR 眼鏡，就可以一起奔赴歷史現場，身歷其境地體驗，獲得知識。

技術進化使獲取資訊本身提升到文字圖像無法比擬的水準。過去只依賴想像的教育，現在變成可以即時體驗一切的教育。我們只會記得閱讀資訊的百分之十，但是卻能記住所說、所做的百分之九十。如果將 VR／AR 技術善用在教育中，就能引發創新的變化。

此外，如果利用 VR／AR 技術，學生即使身處偏遠地區，就算不出國也能上海外著名大學教授的課。正如祖克伯所說，這是在創造一個任何人都可以在「沒有社會經濟因素或區域障礙影響下，接受世界最好教育」的環境。

新的領土應該屬於我們

VR／AR 技術將傳統的內容創建和消費方式轉變成新的形態。隨著技術發展，人們對如何運用技術展示內容的關注度增加，內容的重要性也會增高。

二〇二〇年四月引起話題討論的電玩遊戲「要塞英雄」（Fortnite）中，美國當紅嘻哈歌手崔維斯．史考特（Travis Scott）的虛擬演唱會共演出了四十五分鐘，收入達兩千萬美元。參與演唱會的觀眾，可以自行選擇從哪個角度觀賞，每個人都可以成為角色參與故事並停留。

現在已經可以在眼前觀賞自己喜歡的歌手表演，即時交流，在虛擬展覽空間欣賞作品，並用 NFT 購買。如果利用即時 3D 技術、元宇宙的核心技術，製作出視覺震撼的場景，在現實生活中做不到的事也能輕鬆搞定。

那麼，為了迎接未來由 VR／AR 構成的元宇宙，我們應該做什麼準備呢？雖然世界在科技的幫助下會變得越來越便利，但價值來自於人與人之間的關係和交流這個事實並未改變。因此，將新技術應用到我們正在做，以及可以做的事情上是非常重要的。即使我不是工程師，也要能利用它創造價值。

我們應該要在變化的潮流中尋找機會，開發自己難以被技術取代的能力，還有關注說故事的力量。事實上，技術只是輔助，現在是一個用自己的故事和世界觀創造價值的時代。我們必須記住，沒有世界觀和內容的技術不會持久。即使不在內容產業，但任何人都可以說故事，而且進入沒有門檻。VR／AR、元宇宙都是由人所創造的，在虛擬世界中的角色、化身、空間也是由人規劃創建的。而這些也是現在我們 VIVES STUDIOS 正在做的事。

現在正興起的元宇宙，就像早期人類發現新大陸一樣。新大陸的出現使世界格局變得截然不同，元宇宙這個新大陸也將引領我們走向與過去完全不同的世界。此時此刻，難道我們不該在這片還不屬於任何人的新領土上大膽地揮舞我們的旗幟嗎？

Interview

曾經像謊言一樣的 VR／AR技術開始發光。

金美敬 × 金世奎 × 鄭智勳

金美敬　未來必然會來到我們面前，然而時機是個問題。現在感覺與VR／AR有關的「未來的事」的時機也提前了。你是如何提早展望到VR／AR的未來？

金世奎　我原本從事音樂工作，身為吉他手兼作詞作曲家，與海外唱片公司簽約，組了一個搖滾樂團活動。也曾很活躍過，當時夢想巡迴世界開演唱會，但是當兵回來後並不順利，度過了一段艱難的日子。後來偶然學習了網頁設計，在網路正活躍的時候，正好又接觸到一個早期的工具，叫做3D Max，並在網路上上傳了3D渲染圖，得到熱烈的迴響。當時的感覺，就跟以前在舞台上受到歡呼一樣。於是我決心要做這個領域的佼佼者。我不眠不休的學習，迅速在業界名聲大噪，於是便成了3D圖像藝術家。
二十六歲時，我建立了韓國國內屈指可數的圖像門戶網站，對眾多會員產生了影響力，自由接案也賺了不少錢。我想，對於音樂也是如此，我或許有點規劃的頭腦吧。當時只想用賺來的錢確保經濟自由，再重拾音樂。所以在從事3D圖像工作之際，我依然在年輕人及藝術家聚集的弘益大學附近演奏，還參加了搖滾音樂節。然後乾脆認真做下去，現在利用圖像技術與音樂結合開展事業。

金美敬　因為很了解音樂，所以像BTS在MAMA頒獎典禮上的表演也規劃得很好。

金世奎　的確。這些領域的代表大部分都是技術或做圖像出身，但我是音樂人出身，或許是這樣，所以對內容的理解比較快。

金美敬　但從外表上反而給人軍人的印象……？（笑）

金世奎　在五年前還是短髮，但是為了進行RND，需要取得政府的資金補助，同時因為是公司負責人的身分，想想還是果斷地剪了頭髮。

鄭智勳　金世奎代表在娛樂方面取得成果是理所當然的事。從科技發展的趨勢來看，剛開始會這種技術的人較少，後來越來越多人使用，技術發展也越來越成熟，這時就會出現真正擅長特殊領域的公司。例如一提到VR／AR，媒體就會提起臉書（現在更名為Meta）或微軟、蘋果等大型企業，彷彿市場上只有他們，其實不然。具體大幅改變商業或產業的，往往在該領域中做得最好，但不一定是最大的公司。就像VIVES STUDIOS一樣，成為娛樂表演策劃最好的公司。想想現在全球表演市場規模有多麼大。

金美敬　VIVES STUDIOS什麼時候上市？

金世奎　預計應該會在二〇二三年初吧。

金美敬　VR／AR在IT歷史上的地位如何？

鄭智勳　早在一九八〇年代，擴增實境技術就在AI人工智慧領域嶄露頭角，但卻在三十年後才發光。VR／AR的開始比想像中要早很多，現在會普及化是受到新冠疫情的影響，所以二〇二〇年可說是VR／AR開始真正活躍的時期。就像二〇〇七年就有iPhone，但過了四、五年之後才成為手機龍頭。到二〇二五年，VR／AR勢必會在市場上受到更熱烈的迴響，現在只是進入初期階段。

金美敬　在VR／AR的元宇宙內形成的生態如何？

鄭智勳　從基礎設施的角度來看，網路非常重要。雖然有人說現在5G還為時尚早，但也有人說元宇宙都出現了，應該推出6G才對。

金世奎　特斯拉的執行長馬斯克（Elon Musk）也試圖創建透過人造衛星的網路服務——「星鏈」（Starlink），創建6G世界。目前正用大量的衛星覆蓋地球。

金美敬　如果用人造衛星覆蓋地球，是不是就不用再回家上網了？

金世奎　也許在6G時代，所有人都得支付通信費給馬斯克了。

鄭智勳　那不是沒有可能的。事實上現在星鏈已經開始運作了，只要加入，在全球任何地方都可以連接。

金美敬　前面提到如果有那樣的網路，VR／AR就能帶來一切。那麼在導入之前，所有資料都儲存在雲端是嗎？

金世奎　沒錯。有個虛擬的雲端服務器可以無線連接各個設備。但是元宇宙需要很大的容量，讓這些資訊毫無延遲地即時交互作用的元宇宙平臺是一切的核心。

鄭智勳　與以前的3DS Max一樣，我們現在經常談論的是Unity（一種為3D及2D遊戲提供開發環境的遊戲引擎）或「虛幻引擎」（Unreal Engine，即時3D創作平臺）。就像我們在Word或PowerPoint中編輯展示的內容一樣，一個能夠創造出這樣內容的創作工具平臺非常重要。

金美敬　創作工具平臺的功能是什麼？

鄭智勳　有的製作道具，也有像Unity和虛幻引擎一樣，可以驅動遊戲或電影。

金世奎　目前在實際工作中，在移動端使用較多的是Unity，它廣泛被用在智慧型手機中，作為以無線基礎驅動的設備內容；虛幻引擎則多用在個人電腦、伺服器、高容量、高品質要求的地方。虛幻引擎是掃描3D地球的公司。以前的市場有谷歌地球等，但現在掃描並優化了可以用實時3D驅動的最優化的資產。

金美敬　那麼第二個地球會不會在元宇宙內誕生呢？

金世奎　就像作畫，你可以隨意在調色盤上一樣揮灑顏料。虛幻引擎的標語就是「誰都可以創作」。

金美敬　那麼流通平臺也會變得完全不一樣。人們不需要出門購物、不需要去補習班，只要透過雲端就可以連接到任何地方。這樣是不是連個人電腦都不需要了？

金世奎　微軟和亞馬遜目前投資最多的就是雲端運算。

鄭智勳　所以一切都會連接起來，懂得把重點放在連接上，創造新價值的人就會有顯著的發展，只想獨善其身的人會跟不上時代的。

金美敬　所以我們的生態應該朝3D的世界前進。透過元宇宙和VR／AR前進，就可以迅速了解許多新的事物。那麼會有什麼相關的新職業產生？

金世奎　元宇宙是透過現實世界升級而創建的虛擬空間。在這個虛擬世界中，平臺也必須有包含了想法、規劃等完整的劇本，而劇本是人寫的，也就是說，我們現在各自的專業在元宇宙之中也可以充分利用。若能透過像YouTube來學習精進技術，那麼在虛擬世界可以得到比現實世界更大的機會。

金美敬　如果VR／AR眼鏡商用化，我們的消費形態也會隨之改變吧。

金世奎　沒錯，隨著智慧型手機的出現，無線網路連接了全世界，讓生活發生巨大改變。2D變成3D，現在用手機的小框框進入元宇宙已經覺得彆扭了，接下來的世界，會是戴上VR／AR眼鏡，用個人的化身實際進去那個空間進行交流。

鄭智勳　放羊的孩子說的話終於成真了。過去VR／AR技術就像放羊的孩子一樣，沒有人相信，那是因為沒遇上對的時機，現在開始大放光芒了。面對新世界，我們也要以新的心態重新規劃自己的未來。

Lesson 5

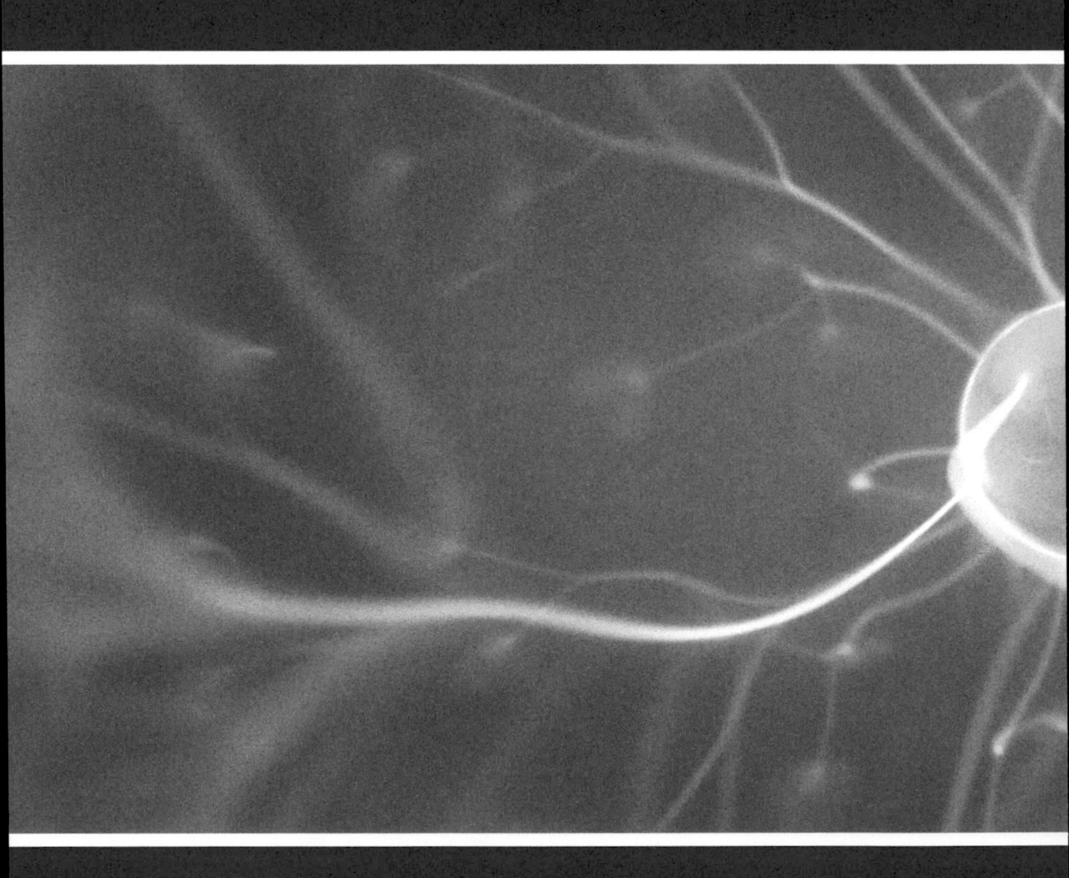

韓載權

機器人學專家·
漢陽大學機器人工程系教授

讓人類更人性化的「機器人學」

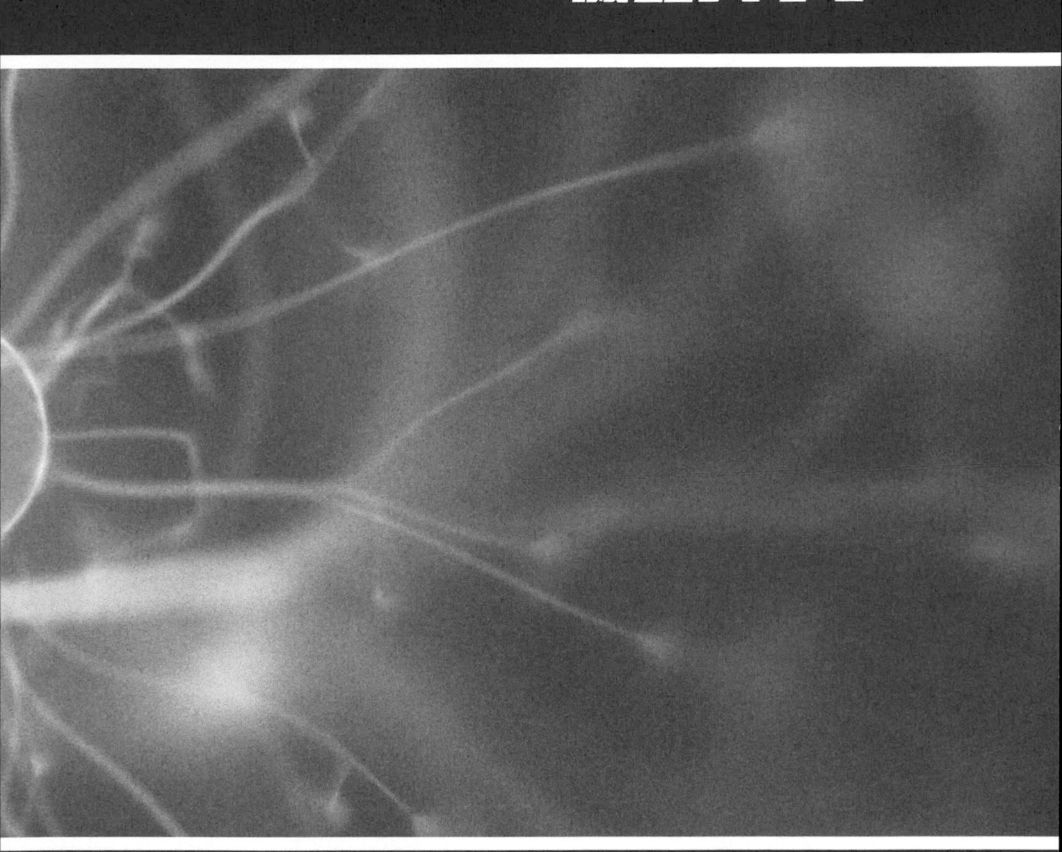

機器人擅長做人做不到的事，

而人擅長做機器人做不到的事情。

莫拉維克悖論驚嘆人類和機器人的合作。

在與機器人合作的世界，人類可以最人性化，

可以集中精力做最像自己的事。

機器人可以激發人類的優點，

現在就握住機器人的手，

更靠近機器人做不到的事，更靠近屬於自己的夢想。

成功商業模式的新標準，機器人

在新冠疫情之下科技加速發展的今天，讓世界發生快速改變的技術之一，當然少不了「機器人」。這是七大科技中唯一實際掌握在手中的技術，也是擁有力量可以將網路世界技術帶到現實生活的技術。

機器人正以飛快的速度融入我們的生活。一種名為「ABLE」的迎賓機器人，據說目前忙得不可開交，行程滿檔，很難預約。ABLE 的人氣直線上升，其中最大的原因就是新冠疫情。因為疫情在全球大流行，人們被迫以非面對面的方式進行交流和處理事情，因此對機器人的需求大增，機器人的價值及潛力也得到重新評價，大量投資湧入機器人產業。

現在機器人已經超越了想像，出現在我們的實際生活中。若要衡量未來五年、十年的變化，必須瞭解機器人，而它們將改變的世界，又該如何理解呢？

描繪機器人未來的最佳方法是「莫拉維克的悖論」（Moravec's Paradox），這是由卡內基梅隆大學的移動機器人實驗室主任漢斯．莫拉維克（Hans Moravec）教授發表，被評為僅用一句話就展現了機器人的未來。

「對人類來說困難的事對機器人很容易，對機器人困難的事對人類來説卻很簡單。」

這句話乍看似乎在玩文字遊戲，但越看越覺得意味深長。未來，我們會理解這句意味深長的句子，暢想什麼是機器人，它們將如何改變未來。未來，我們對莫拉維克悖論的掌握程度，將成為創造良好商業模式的標準。

對人類困難的事對機器人很容易

每當提到莫拉維克的悖論時，就會想起一部電影，二〇一四年上映的「雲端情人」（Her）。電影描述人類與AI人工智慧陷入愛情，是以特殊素材而著名的科幻羅曼史。這部電影中充滿了莫拉維克悖論。事實上，對於研究機器人的我來説，這個故事並不有趣，因為那是身為機器人研究者的我早已充分想像過的未來。不過我之所以還是選擇這部電影作為人生電影，主要是在電影一開始的場面。

那個場面是男主角西奧多的工作場域，非常適切地表現了莫拉維克悖論的代表性場面。西奧多的職業是書信代言人，從這裡開始展現了電影的想像力，因為實際上並沒有這樣的工作，幫人代寫信向喜愛的人傳達心意。想像力還未結束，西奧多並不是用手敲擊鍵盤寫電子郵件，而是用説的，基本上的前提就是他的電腦必須具備出色的語音辨識技術。

電影中電腦的 AI 人工智慧，不只能聽得懂西奧多說的話，甚至還能自己判斷。例如西奧多說：「親愛的朱麗葉，昨晚真捨不得與妳分別。我們今天還能再見面嗎？」螢幕上會立刻顯現這段文字，接著西奧多覺得不妥，於是說：「等一下，這樣說這太老套了。」這句話是西奧多自言自語，因此螢幕上不會顯示，然後他又說：「刪除。」這是指令，那麼電腦就會把前述那句話刪掉。

也就是說，AI 人工智慧聽了主角說的話之後，可以自行區分是郵件內容還是自言自語，不只能準確無誤地輸入完整的語句，更令人驚奇的是還能清楚分辨內容、執行指示。電影中的 AI 人工智慧可說是性能優異，另外在這個場景中還有一個焦點，如果觀眾睜大眼睛就會發現，電腦螢幕前並沒有鍵盤和滑鼠。

莫拉維克悖論中說到「對人類來說困難的事情對機器人很容易」，哪些是人類覺得困難的事呢？可能是很麻煩、骯髒、辛苦，不是非我不可的事，人類通常不會好好地做或堅持到底。那反過來，什麼事對一般人來說很簡單？就是說話。

其實對人來說，除了說話，其它一切都是辛苦又麻煩的事。於是，鍵盤和滑鼠在這部科幻電影中消失了。人類將繁瑣和困難的事交給了機器，所以不需要鍵盤和滑鼠。像這樣，如果理解了莫拉維克的悖論，就可以很容易在腦海中描繪「未來」舞臺上會消失的東西。

對機器人困難的事情對人類來說很簡單

其實莫拉維克悖論的核心並非「對人類來說困難的事對機器人很容易」，而是下一句：「對機器人困難的事情對人類來說很簡單」。重新解讀，可以說我們的未來取決於「人可以做什麼」而不是「AI 人工智慧和機器人會做什麼」。

那麼 AI 人工智慧沒有，只有人類才具備的特殊能力是什麼呢？就是共鳴能力。我們可以感受別人的心情，只看表情，就能知道對方的喜怒哀樂。因此，人們努力不傷害彼此的感情，這種努力成為維持人類社會的支柱之一。人類這種共鳴能力太困難了，一般認為即使 AI 人工智慧再發達也不可能學會。

再回到電影中，主角西奧多的工作是寫信，這也是 AI 人工智慧難以取代的事。雖然現在 AI 人工智慧發展已經有能力畫畫、作曲、寫小說，但這只是根據收集到的數據創造類似的東西而已。如果委託 AI 人工智慧寫一封信，它會分析委託人的喜好，從累積的數據資料庫中提取句子再進行組合。但這樣完成的信真的比西奧多經過思考後寫出的信更能表達委託人的心意嗎？委託人會比較喜歡人類寫的信？還是 AI 人工智慧產出的信呢？如果下次再委託時，會選擇誰呢？

因此，莫拉維克悖論的核心可以用一句話來概括：無論機器人再先進，它們的工作都會變成「人類不想做的事」，人類仍然會專注於只有人才能做好的事，而且會做得更好。

技術遭遇到困難才會飛躍

稍微理解莫拉維克悖論後，就來看看機器人的歷史。有句話説「溫故知新」，預測未來最簡單的方法就是回顧過去。如果檢視迄今為止技術發展的方向，就能描繪出未來可能的走向。

繼電影「雲端情人」之後，「鋼鐵人」也是一部可以讓人了解機器人技術發展史的電影。劇中主角東尼・史塔克在阿富汗遭到游擊隊攻擊，胸部受到致命傷並且被綁架。好不容易保住了性命的東尼在被囚禁中，腦海浮現了鋼鐵人這個想法，並製作了原型「Mark1」，成功逃脱。此後，東尼通過不斷的改進設計，完成了集最尖端技術於一體的高科技裝備——「Mark3」。

這個故事實際上概括了機器人技術的發展史，換句話説，技術看似緩慢發展，但實際上就像東尼完成的鋼鐵人一樣，總是透過克服某種絕境而飛躍成長，一次飛躍後，又再面臨到新的臨界點，越過了那個臨界點，又有另一個困難降臨，而在好不容易解決這個困境的過程中，技術又再次飛躍。

在機器人技術的發展過程中，有一件事成為這次飛躍的起點，就是二〇一一年三月十一日發生的福島核電廠事故。席捲日本東北部的大規模地震和海嘯，導致位於福島縣的一座核電廠發生輻射外洩事故。當時事故現場投放了機器人，兩個機器人進入輻射外洩的福島核電廠。但是對那些機器人來說，也是初次經歷，實際進入後發現有很多事都不能做，所以機器人並未派上用場，最後還是由人們穿著防護服進入處理。有些對人類來說困難的事，機器人也不見得能做到。

那次事件發生後，機器人專家們鄭重反省。美國國防部所屬的研究組織「國防高等研究計畫署」（DARPA，Defense Advanced Research Projects Agency）策劃了一場機器人救災實力的比賽——「DARPA Robotics Challenge」，模擬福島核電廠事故，投入機器人進行救援任務比賽。DARPA原本是美軍規劃和研發軍事技術的地方，但在福島事故後，他們也開始對機器人投以更多關注。

DARPA「不可能的任務」

DARPA 向全世界的機器人專家發出邀請，希望他們前來參加比賽，許多優秀的專業人士都組隊共襄盛舉，約有兩百五十支隊伍通過初選，並在二〇一二年十月來到位在華盛頓 DC 五角大廈旁的 DARPA。當時我也組隊參加，那次經驗令我永生難忘。

我走進位於一個相當大建築地下室的會場，看到我所尊敬的專家們全都聚集在一起，那種震撼和激動的心情現在想來就像昨天發生的一樣。老實說當時我有點怯場，在聽完比賽任務說明後，那些機器人領域的佼佼者們都在喊「不行！」，但在我看來是值得一試的任務啊！看到他們意料之外的反應，我反而重燃信心。

比賽共有八個任務，第一個任務是開車。這個任務一公布，其他專家們紛紛搖頭。關於自動駕駛汽車已經討論很久了，但距離實現還有很長的路要走。即使是現在，自動駕駛汽車也是靠在車子各處配備的感測器運行，而且還未能商用化。但在十年前的比賽上，就要求讓機器人坐在駕駛座上，踩油門、剎車、掌控方向盤，大家都覺得不可能做到。

第二個任務最困難，就是要讓機器人下車。這對一般身體健康的人來說不是問題，但對機器人卻是相當艱鉅的任務，不要忘了莫拉維克悖論提到的，對人類來說容易的事對機器人卻很困難。

第三個任務是開門進去。這並沒有什麼難的，但我不知道門把手是什麼樣子的，所以機器人必須要能夠處理世上存在的各種類型的門把手。如果是人類，不管什麼樣的門把手，都可以輕鬆的握住、轉動，但對機器人來說，必須依照門把手種類一一進行程式設計和訓練之後，才能握住一個把手打開一扇門。

第四個任務是打開上鎖的閥門，這相對來說比較容易。有人推測，如果福島核電廠事故當時，有人打開冷卻塔的閥門，或許情況就不會那麼糟了。這第四個任務似乎是一種象徵。

第五個任務是在鑽孔。要用鑽頭在塗成黑色的石膏板上，沿著標示鑽洞。第六個任務是在比賽前一天才會公開的突發任務，考驗機器人隨機應變。

第七個任務像穿越障礙，機器人必須通過一處磚塊不規則堆疊的工地。最後一個任務是爬五級臺階。以上所有任務都必須在一個小時之內完成。

該大賽在三年內，以淘汰賽的方式進行，因此每輪比賽都不容小覷。就像電視選秀節目「Sing Again」一樣，每輪成績不好的隊伍就得收拾行李回家，只有生存下來的隊伍才能繼續征戰。

「感受力量」的機器人誕生

用一句話概括上述任務，就是「創造像人類一樣行動的機器人」。為什麼人類十五分鐘就可以完成的簡單工作，對機器人來說卻如此困難？為了尋找如何創造「像人類一樣行動的機器人」，我開始觀察人類的行動。我觀察我自己。

人在口渴的時候會自然地拿起杯子喝水。不必測量手到有杯子的地方多遠，不用費力握住杯子拿到嘴邊，一切都是不假思索自然而然就做得到。但是機器人不一樣，必須進行程式設計，機器人才會按照程式進行。

如果去工廠，會看到機器按照程序重複簡單的動作。工廠製造汽車、半導體的器材是單純的機器，單純的機器人。然而人類不會按照程式設計行動，而是「就這樣」做了。這是什麼意思呢？就是「感覺」。我們可以透過觸覺感受到，透過肌肉產生的力量感受。透過這種方式，人類靠著感覺來掌握狀況，迅速判斷並移動肌肉採取適當的行動。

人體內負責這個部分的主要並非大腦。中樞神經系統中，小腦和脊髓處理感覺，向肌肉發出命令，因此這些動作不用經過大腦思考就可以自然而然完成。換句話說，人之所以能夠不假思索地做到這一點，不是身體自己動作，而是小腦和脊髓並未向大腦傳達力量訊息。

但是機器人與人類不同，不是靠感覺，而是按照設計好的程序行動。因此，機器人無法即時應對人類社會發生的無數突發狀況，只要不在程式規範中的任務，機器人就很難完成。所以 DARPA 大賽所出的突發任務，按照程式設計行動的機器人就無法成功。我終於明白了，只有製造出像人類一樣邊感覺邊行動的機器人才會成功。

也就是說，機器人必須要能感覺到手腳的力量，才能克服險峻的地形抓住東西並移動。它必須能夠對關節施加適當力量移動或停止。因此，我在機器人的手腕和腳踝處安裝能夠測力感測器來感知力量，並可控制施加在關節處的力道。在這裡運用了牛頓在數百年前告訴我們的加速度定律（力＝質量 × 加速度），只要應用一點數學就可以控制力量，進而讓機器人做出想做的動作。看似不可能的任務開始一個一個成功。

就這樣，參加 DARPA 機器人大賽的各隊成員運用新的理論，來幫助自己的機器人感受力量、控制和移動，並經歷了無數次的測試開發性能更佳的機器人。

韓國機器人技術的壯舉

二〇一五年六月舉辦了總決賽，來自韓國的隊伍除了我的 Robotis 隊，還有 KAIST（韓國科學技術院）和首爾大學；美國有 NASA 的噴射推進實驗室（JPL，Jet Propulsion Laboratory）、麻省理工學院、卡內基梅隆大學、維吉尼亞理工大學、全球最大國防工業承包商洛克希德．馬丁公司（Lockheed Martin）等共十二支隊伍；日本有五支隊伍，加上德國兩支隊伍、義大利和香港各一支隊伍，總計共有六個國家的二十四支隊伍一較高下。

其中我設計的機器人「機靈」，以及由 KAIST 設計，韓國代表性的機器人「HUBO」。這些機器人在當時都是世界頂尖的，它們完成了難以想像的那八個任務。

在決賽中，為了完成任務，各隊無不使出渾身解數。當時比賽的重頭戲是拿鑽頭鑿出石膏板牆的任務，必須透過適當的力量強弱調節才能迅速並精準地鑿對位置，所以大家都緊張得滿頭大汗。

決賽當天的突發任務是讓機器人拔掉插錯的電源插頭，再插到正確的位置。之後穿越障礙物，再以爬樓梯結束比賽。最終冠軍由 KAIST 拿下，他們開發的 HUBO 機器人在四十五分鐘內完成所有任務。冠軍獎金是兩百萬美元，在當時相當於二十四億韓圓。這不得不說是韓國機器人技術的壯舉。

機器人終於走上白雪覆蓋的山路

提到世界頂尖的機器人設計公司，都會想到波士頓動力公司（Boston Dynamics），現在已被現代汽車收購，但在DARPA 機器人大賽當時是谷歌的子公司，在 DARPA 機器人大賽中，有七支隊伍的機器人來自波士頓動力公司，他們都進入決賽，實力不凡，但成績卻未能達到預期，最後冠軍被韓國的 KAIST 拿走，恐怕自尊心受到了很大的傷害。

於是，波士頓動力公司將失敗化為動力，製造出了第二個機器人。在充分掌握機器人應該如何處理力量的問題後，製造出了能夠調節力量的機器人，並於二〇一六年發表。當時，許多看到波士頓動力發表的機器人影片的人，都被它的完成度深深震撼，影片中機器人走在白雪皚皚的山路上，那股理直氣壯的氣勢讓人無話可說。

對於雙足機器人來說，在雪地行走最困難的事。因為走在白雪覆蓋路況難測的山路上，要避免摔倒、滑倒，就要「像人類一樣」行走。走路時要感受到腳下的力量，如果覺得快要摔倒時，就要努力保持平衡不摔倒。這被稱為「著陸點控制」，波士頓動力公司的新機器人完美地達成著陸點控制。

然後這個機器人開始工作，動作非常自然。以前機器人若提重箱子會很容易往前倒，現在能感受力量，就可以穩穩地舉起箱子，自然地放下，它還可以自己起身。在此之前，機器人若摔倒了就沒辦法自己爬起來，但現在它們能夠自行判斷情況並做出反應。或許是想為 DARPA 機器人大賽上的失敗雪恥，波士頓動力公司在機器人技術方面取得了飛躍的發展。

與人類共同生活的機器人，協作式機器人

縱觀機器人發展史，我們見證了「能感受力量的機器人」，具有與以往截然不同的卓越性能。這改變了機器人發展的主軸之一，也就是創造人類和機器人可以共存的環境。

過去，隨著機器人的出現，我們制定了將人類安全放在首位的法律，這是因為無法判斷情況只會按照排定的程序行動的機器人，可能會對人類造成傷害。因此法律規定機器人在移動時，周圍不能有人，而且還要設置圍欄，避免有人靠近。

但是如果機器人能感受到力量會怎麼樣呢？當機器人感覺到某種不尋常的力量時，就會停止動作，而不會強行移動，就不會對人造成危險。照這樣發展下去，就不需要法律規定將人與機器人分開。法律開始發生變化，由德國起頭，各國都修改了法律，唯有能夠感受到力量的機器人、政府認證的

機器人，才能與人類一起生活。

韓國也在二〇一八年夏天修改相關法條，從此機器人開始陸續出現在我們的生活中。過去除了吸塵器之外，我們周圍看不到其他機器人產品的原因之一就是法律的限制，現在隨著法律的改變，機器人終於走進了人類的生活。

現在，協同機器人活躍於工廠、廚房、咖啡廳等各種工作崗位上。在咖啡廳工作的機器人負責持續倒熱水沖煮咖啡；在汽車製造廠裡，在工人完成後車廂作業後，機器人可以負責將沉重的輪胎放進後車廂裡。

在這裡應該要找到符合莫拉維克悖論的地方。機器人能夠感受力量並控制力量，並不意味機器人就能完成人類做起來容易的事。如果機器人可以感受力量，就表示這個機器人夠安全，足以和人類在一起生活，然而這並未打破莫拉維克悖論，相反地，因為機器人可以和人類一起工作，各自的優缺點變得更清晰，得到了進一步加強。莫拉維克的悖論進一步得到強化。

從機器人成功使用的例子來看，很快就能找到答案。就是讓機器人做人類覺得麻煩，但它們卻能做得很好的事。例如把沉重的輪胎放進後車廂、拿著細口壺緩慢且穩定倒熱水沖煮咖啡、這些對人來說繁瑣辛苦的事，對機器人來說卻是輕而易舉，所以才會成功。

機器人會奪走人類的工作嗎？

但是莫拉維克悖論的核心還是在第二句話，「對機器人困難的事對人類來說很簡單」，這句話顯示了機器人將取代人類所有工作崗位的預言是錯誤的。

機器人工作的地方必須有人類，因為有些事只有人類才做得到。以上述的後車廂工作為例，機器人無法處理流程中發生的所有事情，最後的整理還是由人來做會更好。雖然不是人人都能輕鬆做到的大事，但對機器人來說，最困難的就是整理。因此，把繁重的工作留給機器人，人類負責必須在現場完成的工作。這個看似瑣碎的業務總是根據情況而變化，因此對機器人來說是「突發狀況」。不遵守既定規則，隨時因情況而異的工作對機器人來說太困難了，但對人來說卻很簡單。

同樣地，咖啡店的咖啡師們在拿鐵上畫出各種形狀的畫，進行「拉花藝術」。按照設定的規則，如果是反覆做同樣的工作，像是可以輕易完成的滴漏式咖啡就交給機器人，咖啡師則可以根據客人的心情，在拿鐵上畫出合適的圖案。例如情侶客人之間的氣氛看起來冷淡，就在拿鐵上畫愛心；給可愛的孩子的熱巧克力上畫小熊；在送飲品給客人時若能隨時說些簡短的對話就更完美了。像這種需要掌握氣氛，根據現場狀況隨機應變的事，就是由人來做會更好的事。

莫拉維克悖論是「機器人擅長做人做不到的事情，而人擅長做機器人做不到的事」，但實際上字裡行間所蘊含的意義，是如果人類和機器人一起工作，協同效應可以達到最大化。我們的未來將會是一個與機器人合作的社會。任何熟悉莫拉維克悖論的人都必須同意，因為沒有一個存在優於另一個存在。

現在讓我們想一想，有什麼工作是不需要人類的創意，可以讓機器人做的事，或者是我不想做的工作，再想想能不能換成機器人去做。就是把想法進化，看看能不能發展成 AI 人工智慧機器人的商業模式。有這種想法的人和其他人之間會有明顯的差別。只有做好準備的人才能抓住機會，只有預見到機器人創造的未來的人才能抓住成功的機會。

機器人將改變商業的未來

以我身為機器人工程師的角度來看，莫拉維克悖論中，人類做不到的事之一就是「照顧」，二十四小時照顧需要幫助的人，二十四小時與需要朋友的人做朋友。所以我現在正製造一個可以和人類一起玩的伴侶機器人。感性伴侶機器人「EDIE」就是這樣的產物。

這個機器人像寵物一樣會跟著人、與人互動。一碰就會發出聲音，對人類的情緒做出反應。遲早，伴侶機器人就會像寵物一樣在我們身邊，並且在照護領域提供具體的幫助。

這種機器人服務，今後將發展成具有與人類身體相似面貌的機器人 Humanoid。現在我們生活的空間是專門為人類服務的空間，具有讓人類便利生活的所有工具。那麼，如果機器人也能像人一樣，眾多的工作亦或是機器人將可以有方便操作的空間。因此，目前很多機器人專家正在努力研究像人一樣用兩條腿走路的類人形機器人。不知道會不會是稍微遙遠的未來的故事，不過與類人形機器人共存並不是夢。

總之，我們不要忘記理解機器人技術和想像機器人的未來始於莫拉維克悖論。當機器人被賦予人類難以完成的任務時，人類必須專注於最人道的工作時，才能在新開啟的機器人時代獲得新的商機。現在就讓我們尋找自己能做好的事、想做的事、機器人無法替代的屬於我們自己的優點吧，這或許就是屬於你的第四次工業革命的開始。

Interview

未來的人一定會說，我們這個時代，沒有機器人是怎麼生活的？

金美敬 × 韓載權 × 鄭智勳

金美敬　機器人技術也被形容為「放羊的孩子」技術。據說將在幾十年內很快便能投入實際應用，但實際上至今仍未實施。

韓載權　您可能會這麼想，但現在情況確實改變了。很多學校都增設了機器人工程系、AI人工智慧機器人學系等專業，進入二〇二〇年後，機器人產業的投資也大幅增加。隨著大企業和新創企業的積極參與，技術正迅速發展。

鄭智勳　機器人技術其實是一個非常古老的領域，有著悠久的歷史，從控制測量學開始，包括自動化機器。但是，因為在電影等各種媒體中看到了機器人的形象，人們的期待度很高，所以也有必須做出一些具體成果的壓力在。現在，隨著像波士頓動力公司等相關企業的投入，結果開始顯現，不過就在幾年前，其實有很多企業因為看不到實際利益而中斷了投資。

金美敬　看來機器人學的真理與核心就隱藏在您所提到的莫拉維克悖論中。不過經過這個悖論可以瞭解一點，機器人並沒有搶走我們的工作。

鄭智勳　沒錯。如果把它想像成兩人三腳競賽就更容易理解了。人類和機器人不是為了工作而競爭，應該互相配合爭取共贏。

金美敬　目前人類最需要、最快可以接觸的機器人是哪一類型的？

韓載權　是配送機器人，應該在幾年內就會成為常態。快遞業務的最後階段，即最後一哩路的交付——從卡車上卸下貨物直至送到客戶家門前，是在配送階段中相對耗時最多的部分。正如我們在快遞大亂中看到的那樣，社會衝突的因素很多。而在這個配送階段，機器人解決了人類最繁瑣、最耗時、成本最高的「最後一哩配送」，也就是快遞司機可以將同一大樓的貨品送到大樓入口，之後再由機器人接手送到各個收貨人的家門口。

鄭智勳　像在社區大樓內快遞車輛進進出出的問題一直爭論不休，但如果有配送機器人來做，那問題就會逐漸改善。此外那種機器人速度慢、體積小，對孩子也比較不會構成危險。

韓載權　沒錯。顧客可以放心，快遞公司可以省時省成本，所以配送機器人在利潤方面也有助益。考慮到莫拉維克悖論，就可以更具體地描繪未來。

金美敬　所以，我就思考了現在有什麼是機器人可以代替我做的事，其中之一就是電子郵件和資料分類。AI人工智慧是必須的，但如果有個機器人將如雪片般飛來的電子郵件或資料進行分類，只做必要回覆，就可以幫我節省很多工作。還有另一個就是二十四小時照顧年邁父母的「照顧機器人」。

韓載權　我正在籌備中的機器人「EDIE」就是具照護功能的機器人。現正努力研究可以觀察人類行為，具判斷能力的機器人。還有像對話是一個相當困難的技術，就算是人，要持續幾個小時的對話也非易事，因此具有這項功能的機器人可以說是難度很高的機器人。

所以，我最近正在嘗試重複話尾的實驗。舉例來說，如果我說「當時不是那樣嗎？」，機器人就會回答「是那樣嗎？」如果我說「我遇到一個朋友，光炫耀自己買了新車，卻沒有載我一程。」機器人會回答「沒載我一程嗎？」接著我又說「他沒載我所以讓我心情不好，正在想還要不要跟他往來。」機器人會說「正在想還要不要跟他往來嗎？」這樣進行對話就不會中斷。像這樣，我們可以慢慢找到解決方法，仔細想想有什麼是人類覺得辛苦的事，那就可能會成為一種新的商業模式。

鄭智勳　開發新機器人固然重要，但充分利用現有的機器人功能也很重要。以最近出現的炸雞機器人為例。在廚房炸雞其實是一件很累的事，因為是重覆性高的工作，而且還有被燙傷的危險。但是機器人的出現解決了這個部分，讓炸雞店老闆省去不少麻煩，可以專注在其他機器人做不到的事務上，也可以提高效率。
有趣的是，在韓國的機器人負責炸雞，在矽谷的機器人負責烤披薩。據瞭解，目前獲得大量投資的機器人公司中，不乏做披薩機器人的公司。

金美敬　看來現在正在開發各種機器人。那麼，我們要如何正確理解和想像機器人呢？

韓載權　以孩子為例，我們會觀察他們感興趣的事物並與機器人聯結起來。可以問問孩子希望機器人在自己喜歡的事情上可以有什麼作用。父母只能扮演提問者的角色，機器人可以融入任何事物中，所以不要扼殺孩子的想像力。另外，希望家長不要錯誤的把機器人當作一種學習，孩子們會自己思考想做的事，即使需要經過提問來激發想像力，父母要幫助他們說出來想做什麼，並請父母幫忙。如果沒有那樣，那可能就不是您的孩子想做的事。所以，父母應該扮演幫手的角色，讓孩子自己想像各式各樣的未來就好。

金美敬　或許十年後，機器人會接管人類的許多工作。

鄭智勳　沒有錯。機器人技術發展迅速，尤其是在護理領域。現在已經出現可以幫老年人洗澡或幫助如廁的機器人。在醫院裡，護理機器人將負責重複性工作，例如定時幫行動不便的患者翻身和量血壓等。然後，護理師就可以專注於更有效率的工作，我認為機器人可以解決長久以來護理師在工作上的負擔。

金美敬　如果機器人成為我們日常生活中的常態，那麼一般人該如何對待機器人呢？

韓載權　就像現在有沒有使用智慧型手機，差異會很明顯。能好好運用機器人的話，相信也會比沒使用的人生活更有效率。

金美敬　試著做一個有趣的想像，這樣的也可以嗎？ 如果負責家務的家用機器人1.0版本上市了，我買回家後讓它好好學習，那麼它會升級成2.0嗎？機器人也可以像孩子一樣，培養得更聰明、性能更好嗎？

韓載權　這個想法不錯，也許會是二〇三〇年版的電子寵物雞。

鄭智勳　人類眼下迫切需要的是可以代替危險工作的機器人，這就是高樓擦窗機器人近來備受關注的原因。吊掛高樓擦窗是一項非常危險的工作，但是有機器人為我們做，可以減少人類很多負擔。

金美敬　這麼說來，機器人領域的創業項目就有無限可能。

韓載權　儘管如此，在我們周遭還是很難找到機器人。換句話說，如果從現在開始想到什麼就投入，你很可能會成為那個領域的第一人。

金美敬　只要好好瞭解如何與機器人合作，不只可以改善生活品質，還可以抓住新的商機。

鄭智勳　以人類和機器人相互作用為基礎的產業將逐漸發展，這被稱為「人機互動」（Human-Robot Interaction）。就像在本章中提到的迎賓機器人「Able」，就是融合情緒工作者喜怒哀樂的技術。引導是人類不喜歡做的工作之一，現在由引賓機器人擔任這個角色，有顯著的成效。

金美敬　當前機器人產業中面臨到最大的問題是什麼？

韓載權　機器人在一個小身體中消耗大量的能量。因此，機器人最大的缺點就是電池續航時間不長。人類一碗飯可以工作五、六個小時，機器人需要的能量大約是人類的十倍，但效率低下。

金美敬　那麼，機器人需要哪些技術和融合才能進一步發展呢？

韓載權　許多基礎技術需要進一步發展，但最重要的是AI人工智慧技術的發展將有很大幫助。

金美敬　知識的協助絕對重要。如果您有新的學習方法，歡迎介紹。

韓載權　建議大家可以多與各式類型的人交流，不要只和自己熟悉的人接觸。當我們與他人多多交流，會發現很多我們未曾真正體驗過或想像過的事情。多累積這些間接經驗，就會對新事物產生好奇心，想像力也會變得豐富。

鄭智勳　我經常使用社交媒體，我認為可以用推特、臉書和YouTube等各種媒體獲得的知識為基礎，增強想像力很重要。

金美敬　如果想擁有不同的生活，有人說必須改變時空。但對我來說，向生活在與我不同時空的人們學習，我覺得會更快更好。我可以一邊複習他們傳授的知識，一邊用自己的方式重新學習。我認為經歷那樣的過程後，想像力的層次和範圍都會提升。

如果機器人改變的世界是百分之百，你認為現在到了什麼程度？

韓載權　我覺得現在只有百分之十左右。現在才剛開始，門才剛剛打開。

鄭智勳　在七大科技中，雲端似乎是最開放的。

韓載權　我認為AI人工智慧在目前技術上也達到了一定的高峰，當然，進入新階段後，將有更多可以無限應用，但目前的技術水準已經相當高了。即便已經那麼成熟了，AI人工智慧還是必須成為一個商品才能與人連接，我覺得在連接點方面還不夠，我們還需要付出更多努力。

金美敬　最後，請給開始學習機械學的人說幾句話。

韓載權　對AI人工智慧等尖端科技感到恐懼或敵對意識稱為「技術恐懼症」（Technophobia），機器人就是典型的代表。但如果能換個觀點來看，機器人可以成為全新的機會，不要忘記莫拉維克悖論。我敢肯定，未來的人一定會說：「沒有機器人要如何生活？」別忘了對人類來說困難的事情對機器人很容易，對機器人困難的事情對人類來說很簡單。機器人技術將開啟全新的契機，而一切就從了解機器人開始。

Lesson 6

崔在鵬

成均館大學服務融合設計系・

新文明的標準，「物聯網」

畢業於成均館大學機械工學系及研究所，後在加拿大滑鐵盧大學獲得了機械工學碩、博士學位。著有暢銷書《新世代新人種！手機智人》，以「讀懂文明的工程師」而聞名的他從二〇一四年開始，積極向企業、政府機關等傳授有關第四次工業革命和手機智人相關資訊。目前是超越商業模式設計和機械工學融合、人文學、動物行為學、心理學和機械工學融合等各種領域界限的韓國最優秀的第四次工業革命權威人士。另有合著作品《新冠智人 Corona Sapiens》。

在新文明時代，最重要的能力是「洞察力」。

洞察當今文明。

換句話說，就是尋找並研究物聯網，

投資擅長物聯網的企業，

利用 IoT 規劃業務。

成為數位新大陸主人之路沒有想像中的遠，

也沒有想像中那麼艱難。

附著在事物上的網路，IoT

物聯網的縮寫為「IoT」——Internet of Things，顧名思義就是附著在事物上的網路。未來，我們社會存在的所有事物都將伴隨著網路，現在，事物不是單純的事物，而是「萬物」，所以有「IoE」（Internet of Everything）一詞，意為「萬物互聯」。物聯網是當今數位社會中的一項基本技術，也是生活在數位社會的我們必須瞭解的。

首先，讓我們正式定義物聯網。物聯網是一種透過結合感測器和通訊功能，將各種物件連接到網路的技術。代表性的物聯網就是智慧型手機，它的作用是透過網路將相機和其它感測器記錄的數據連接到數位世界。因此，要成為物聯網，首要條件就是要連接網路，並能檢測到該物件，使用數據提供服務。

以監視器為例。監視器可以將拍攝的數據發送到雲端，判斷和應對入侵者，在無人之處也可以進行無人支付。這種利用物聯網的服務被稱為「IoT 事業」。

因此，要成為物聯網需要有線和無線通信模塊、測定用的感測器模塊、數據處理模塊等。可以看得出來，物聯網內部包含了一部電腦的功能。因此，早期的物聯網體積龐大且價格昂貴。但隨著技術發展，出現了像現在的智慧型手機一樣，在價格和性能方面都具有優勢的物聯網。

深入生活的物聯網

現在來看看物聯網的主要參與者，首先第一個想到的是什麼？或許是「智慧家居」吧。就是用說的就能操作家裡的各種設備，用語音對話，享受各種便利，非常簡易。現在市面上已經推出很多智慧物聯網產品。

例如，Naver 公司推出的「Clova」，就是一款以語音控制音響的物聯網產品，可以在人說話時播放音樂。SK 推出的「NUGU」是一種語音識別設備，可以理解並執行客戶對話的上下文，它在聽取和理解客戶的聲音後，將內容發送到雲端，AI 人工智慧就會啟動，找出業主的需求並提供服務。

最近有越來越多家庭養寵物，若好奇人類外出時小狗獨自留在家裡的情況，只要在家中安裝物聯網攝影機，隨時查看小狗的狀況。吃飯時間到了會自動提供飼料和水，主人不在也可以照顧小狗。

另外，現在最夯的就是各種穿戴式的健康監控產品，例如三星推出的Galaxy Watch4。過去大家比較熟悉的產品就是計步器，它是從心電圖演變而來，但現在的裝置可以測量體脂，準確告知客戶現在身體的肌肉量。測量脈搏是基本功能，還可以測量血壓血氧。今後類似的穿戴裝置將發展成為醫療保健的重要項目之一。

健康保健與醫療	能源	製造	智慧家居
・活動狀態檢查 ・監護人監控	・系統消費戰略監測 ・能源數據	・重複業務自動化 ・產業環境實時監控 ・提高設備運轉效率	・居住環境遠程管理 ・提升居住安全 ・多住戶空間系統化
金融	**教育**	**國防**	**農水產業**
・簡化結算流程 ・生物認證安全	・自動出勤系統管理 ・電子圖書館 ・線上授課	・擴大無人監視系統及偵查功能	・遠程監控及管理 ・產業環境數據收集 ・利用大數據提高生產效率
汽車與交通	**觀光**	**零售與物流**	**設施管理與安全**
・AI導入影像分析系統 ・即時交通狀況轉播 ・停車場綜合管理	・以用戶位置為基準的旅行推薦 ・量身定做型旅遊路線	・物流管理系統簡化 ・無人快遞箱應用	・提高建築物能源管理效率 ・加強建築物網路安全

各產業領域的物聯網特色技術發展趨勢

我們在日常生活中可以接觸的物聯網數量可觀。那麼，目前物聯網產品的功能進化到什麼程度呢？從上面的圖表可以看出，不僅是健康保健、醫療、福利領域，在能源、製造、金融、教育、國防等，物聯網產品都有重要表現。對物聯網了解得越多，就越能挑戰更有創意的商機。

面對這個新世界，不必擔心物聯網太難、複雜，對機械有恐懼的人也無需憂慮，因為更簡單方便的產品會陸續出現。因此，我們現在需要做的就是正確學習物聯網，然後根據各自的目標改變環境後實現目標。至於應該怎麼做，稍後再做說明，接下來再更詳細瞭解改變世界的物聯網。

改變世界的IoT

正如之前簡單描述的，物聯網產品已經在各個領域都有活躍的表現，其中目前全球最受矚目的物聯網產品，就是透過非面對面管理和分析體溫變化的智慧型攜帶裝置。最近還有個案例，有人透過智慧型手錶檢查心電圖後意外發現了因疫苗副作用而產生的心肌炎。如果未來進一步發展這種功能，不僅可以檢測血糖，還可以感知人類身體產生的所有信號，實現更高效能的健康管理。

在文化產業方面，則出現了數位畫廊服務，展覽和欣賞都以由數位方式進行，還可以與觀賞者互動。例如當人沿著展覽動線移動時，可能有一條魚也跟著移動。將欣賞藝術品這件事昇華為新的藝術表現。

另外，還出現了為長輩們準備的伴侶機器人，這個可愛的機器人會照顧老人，成為孤獨、行動不便的老年人的陪伴者，檢查他們的健康狀況，遇到緊急狀況可以及時求助。

建築物的能源管理也可以透過雲端服務進行。在炎熱的夏季，回家前可以用手機遠端遙控先啟動家中的空調；同樣地，如果外出時忘了關掉也可以在外面以手機操作。供暖設施亦是如此。

物聯網還可以提供出勤管理服務，能透過各種方式確認員工出勤狀況，還有一種服務是將辦公空間上傳到網路上以檢視工作專注度。

此外，讓世界發生巨大變化的物聯網產品就是無人駕駛汽車（自駕車）。要在現實生活中實現真的很不容易，但目前已找到一些可以適用的領域。例如美國的沃爾瑪超市正與谷歌合作，製造無人駕駛接駁車，以吸引行動不便的年長顧客也可以方便地到超市。當顧客想購物的時候，沃爾瑪的無人駕駛接駁車就會到指定地點接顧客到超市，購物結束後再把顧客送回指定地點。這種服務是可能的，研究結果顯示，只要時速低於四十五公里，無人駕駛汽車就不易發生事故，因此在一定範圍內以低於時速四十五公里運行的無人駕駛接駁車是沒有問題的。還有在高速公路上常見的大貨車，未來也將利用感測技術實現無人駕駛。或許以後坐公車時就看不到司機了。

還有最近被稱為「國民安全守護者」的服務，以廣設監視攝影機，隨時監控各地路況，一旦發生事故或危險狀況就可以緊急出動救援，這些都是以物聯網為基礎進行的服務。

進軍阿拉斯加的韓國智慧技術

最近半夜出門想買東西，無人便利店是很方便的設施。因為半夜很難雇到工讀生，因此推出無人便利店，讓顧客自己挑選商品自行結帳，這也是物聯網帶來的便利系統。

現在在農村還出現了智慧農場。只要建一個漂亮的溫室，在裡面設置感測器，設定好最佳生長條件，溫室就會根據日照量自行灑水，適當控制溫濕度，甚至還可以預測採收時間。透過監視系統可以二十四小時確認所有過程。據悉目前韓國這種智慧農場已出口到中東，在沙漠中建造溫室栽種草莓。

不只中東，韓國的智慧農場技術還出口到阿拉斯加。阿拉斯加人傳統以肉食為主，由於環境因素，即使想吃蔬菜也因價格太貴而不敢多買，現在有了智慧農場之後，可以種植許多蔬菜，據說讓當地人的的肥胖指數大幅減少。這可以說是智慧農場帶來的巨大變化，帶著這股氣勢，智慧農場正向全世界擴展中。

另外，代表韓國鋼鐵製造商浦項製鐵也創建了一個智慧工廠平臺，將製造過程中連續出現的問題最小化。這是由來自數個工廠的資訊集合起來，轉換成任何人都可以處理的數據，以實現高效工作產能。如此一來，今後危險的工作就不需要由人來做了。

未來蘊含在物聯網中

物聯網也適用於健身中心。例如在做啞鈴鍛鍊時，啞鈴和我的智慧型手機是連動的，這樣我就可以查看舉了多少次啞鈴。這種類型的物聯網服務可以讓人進行積極的身體管理，例如我需要做什麼運動、哪個部位的肌肉應該加強鍛鍊等，都可以透過物聯網自己安排。

在家庭內部，智慧烤箱、智慧冰箱、智慧空調等，在不久的將來必會迅速普及。但是智慧家庭（Smart Home）功能卻不受歡迎，為什麼呢？

首先，人類討厭無聊的東西，所以我們不斷想要新的刺激，但智慧家庭缺乏這種刺激和魅力。例如智慧家庭大力宣傳可以用手機從遠端關閉家裡的瓦斯。這種功能很方便，但已不再新鮮有趣而無法引起人類的興趣。像這樣，智慧家庭提供的功能通常是必要的，但並不好玩。剛開始可能會讓人感到神奇，但當那些功能逐漸成為理所當然且反覆的話，人類的期待和興趣就會消失。同時還有一個不能忽視的事實，人類對數位本身也會有覺得厭煩的一面。就在不久前，對於進入任何場合都要掃 QR Code 就有人覺得麻煩，引起反彈。

但是由於新冠疫情蔓延，掃 QR Code 已成為不可避免的事。QR Code 是物聯網的代表性象徵，每個店家都有自己的 QR Code，要想進入就必須用手機掃描。這是實際的物聯網生活，QR Code 本身的商業化可能性也相對會變大。

現在物聯網技術還可以連接到公寓大樓一樓的郵箱，以防止快遞或郵件遺失。還有個有趣的應用，就是智慧寵物照顧，不僅可以監控寵物犬的動向，還會考慮狗狗的快樂程度，有一項被稱為「Dog TV」的服務，可以播放狗狗喜歡的影片。

縱觀這些物聯網技術，我們應該為自己的未來努力夢想。現在無窮無盡的創意是不是在腦海中浮現了呢？

現在是手機智人的時代

物聯網未來會為我們的日常生活帶來什麼變化？在職業、生活方式、教育、投資等各方面預料都會發生巨大的變化，看看在目前產業中處於領導地位並進入世界前十大的企業中，從蘋果到微軟、谷歌、Meta（臉書）等，都正在積極拓展手機智人的事業。手機智人是誰？手機智人是指把智慧型手機當作身體的一部分使用新世代族群。為了這些把手機當成身體的一部分、熟悉數位生活的新世代消費者，企業不得不將數位概念加入商業中。因為必須用創意打造新世界，才能滿足手機智人。

因此，蘋果致力於發展智慧型手錶、特斯拉全力投入無人自駕車的開發、亞馬遜憑藉在美國最暢銷的智慧音響「Echo」取得巨大成果，世界頂尖企業全都集中精力進行以手機智人為目標的物聯網技術和事業。這就是物聯網產業成長快速的原因。

因此，物聯網技術將改變未來各個行業的格局，例如交通、金融、流通等。這些變化將隨著新冠疫情的變化而加速，為了迎接革新日常的數位文明，我們應該如何準備呢？這就是接下來我想介紹的核心內容。

先改變世界觀

首先是要改變世界觀。讓我們來看看在歷史上改變人類世界觀的事件，最重要的應該是一四九二年哥倫布發現新大陸。當時哥倫布以為自己發現的新大陸不是美洲而是印度，因此，當時美國當地人被稱為印第安人。哥倫布自己都沒想到，他的發現徹底改寫人類的歷史。

在那之前，西方並不是世界的中心。但在發現美洲大陸後，那裡變成了殖民地，歐洲國家到那裡開採資源培養力量，迎接第一次工業革命。直到第一次工業革命之後，歐洲才成為世界中心。一直到現在，我們都生活在以西方文明為準的時代。

在世界歷史上，亞洲也曾有過暫時掌權的時期。還記得「黑船事件」嗎？一八五三年，美國海軍東印度分遣隊司令佩里（Matthew Perry）率領四艘船身被塗上黑色柏油的蒸汽船艦抵達日本，因此被日本人稱為「黑船」。當時的韓國因美軍而完全被封鎖，但日本決定接受並學習西方技術，展開了明治維新。日本接受世界新標準，改革國家社會和經濟，有一段時間成為世界強國。另一方面，韓國因為堅持陳舊的世界觀，崇尚正義和忠誠，結果遭受朝鮮滅亡的痛苦。

現在我們正在經歷另一個新大陸，就是數位新大陸。目前韓國的代表性金融服務是 Kakao Bank，但是沒有人去拜訪過 Kakao Bank，因為在現實世界中沒有所謂的 Kakao Bank

大樓。酷澎（Coupang，韓國最大電商平臺）也是如此，亞馬遜、臉書也一樣。YouTube 正興盛，但 YouTube 電臺在哪裡呢？全世界就是一個巨大的電臺。

手機智人認為，在現實世界裡已經沒有可以發現新事物的空間了，因此便創建了數位新大陸。令人驚訝的是，這些數位相關產業擊敗過去五十年的最強者，成為新的全球頂尖企業。因此，我們也必須盡快移動到數位新大陸。這就是創新世界觀的核心所在。

透過創新世界觀而成功的人，是比別人更快融入數位新大陸的人。最具代表性的人物就是以太坊的創始人布特林。他在十五歲時寫了一篇有關加密貨幣的論文，在發現可以用編碼代替貨幣進行交易後，他立刻跳進入這個新世界。十七歲時成為比特幣雜誌的共同主編，十九歲就讀大一時就推出了以太坊。他只是透過開發軟體社群和 YouTube 影片學習，就成為世界最頂尖的加密貨幣權威，布特林無疑是新人類的典範。

開拓數位新大陸的MZ世代

新人類把計程車換成了優步（Uber），把旅館換成 Airbnb，把電視變成了 YouTube。當他們第一次創建新平臺時，很多人都不看好，批評說：「那個可以撐多久啊？」但現在那些人都後悔了，「當時應該早點投資的。」

再加上因新冠疫情，所有一切都變成必須在非面對面的情況下進行，使得數位文明衍然成為新的標準。創造和引領這個數位文明的就是 M 世代。M 世代是指一九八〇年以後出生，從小就接觸到網絡的一代。上一輩的人並非在網路環境中成長，對數位世界很陌生，因此很難接受。

仔細想想，目前引領科技產業的人都是 M 世代。Meta 的祖克伯是在製作約會遊戲軟體時創立了臉書；韓國首富 Kakao 集團董事長金範洙曾在三星 SDS 工作，後來辭職自行經營網咖，開創了自己的道路。

但更有趣的是，繼 M 世代之後 Z 世代的活躍表現。Z 世代又創造了另一個新大陸，就是元宇宙。元宇宙是 Z 世代和 Alpha 世代（指二〇一〇年以後出生，從小就經歷技術進步的一代）創造的新大陸。在元宇宙中活動的不是我，而是代表我的化身。這對從小就接觸智慧型手機的人來說，是非常自然的日常。

目前，作為元宇宙備受矚目的公司就是美國的遊戲平臺兼元宇宙的代表「Roblox」公司，現在市值總額超過七十兆韓圜。Roblox 利用加密貨幣技術為基礎，製作新的數位認證方式 NFT 進行交易。二〇二一年三月，美國數位藝術家 Beeple 製作的馬賽克作品「每天：前 5000 天」（Everydays: The First 5000 Days）以七百八十億韓圜成交。

數位藝術品透過拍賣進行買賣，以藝術品拍賣聞名的蘇富比（Sotheby's）和佳士得（Christie's）這兩家公司，已經在

Roblox 設立了數位拍賣所。在蘇富比首次進行數位藝術拍賣的結果顯示，交易金額高達一百八十二億韓圜。新的經濟生態系統已經誕生了。

適應數位生態系統的三個任務

為了適應新的數位生態系統，需要學習有關物聯網的各種知識。我們每個人都有必要持續搜索和追蹤各自領域正在發生的變化，這是我認為培養物聯網時代洞察力的第一個任務，也就是「尋找物聯網並研究它」。

目前，最好的學習工具是「樹莓派」（Raspberry Pi），這是一個以教育為目的製造的微型電腦，已經在全球銷售千萬臺。我家中也有，平常從外面開車回到家，它會讀取我手機的信號並自動打開車庫門。現在運用樹莓派做生意的人越來越多，因為有這些工具的幫助，物聯網事業變得更順暢了。

第二個建議是「投資一家擅長物聯網的公司」。例如最近迅速成長的遠程醫療服務公司「Teladoc」，還有在開發新的可再生能源、生物製藥方面，備受矚目的公司也很多。現在有很多與物聯網相關的企業成功案例，找到這些公司，一點一點進行投資，也有助於設計屬於自己的未來。

最後一個建議是「利用物聯網來規劃自己的事業」。在後新冠時代，數位文明的轉換將迅速實現。實際上，我們是被迫遷移至數位大陸的，這種情況之下不做物聯網，那要什麼時候才做呢？

如果能持續研究物聯網相關知識，一定可以開啟一條新的事業之路，在某個瞬間你會發現，自己衍然已成為數位新大陸的主人。希望大家在成為新文明主人的道路上，能持續充滿熱情，奮力挑戰自我。

Interview

如果所有人都能想像物聯網，一個令人驚奇的世界將會展開。

金美敬 × 崔在鵬 × 鄭智勳

金美敬　令人驚訝的是，物聯網已經深入我們的生活。請再說明一下我們目前與物聯網的關係。

崔在鵬　一言以蔽之，是密不可分的關係。特別是新冠疫情發生以後，可以說我們就生活在數位新大陸。智慧型手機這個網路連接設備基本上成了人工器官，因此將事物連接到網路上的想法層出不窮。另一種革新正在物聯網內發生。例如把路燈系統連接到網路上，它就會自動開和關。公司內的飲水機也連接網路的話下班時間就會自動關閉，上班時間再打開。物聯網創意是無窮無盡的。

鄭智勳　物聯網似乎是連接和模擬數位文明兩大洲的橋樑，如果沒有這座橋樑，數位文明也起不了作用。我認為如果從這個角度看待物聯網會比較好。

崔在鵬　二〇〇八年有人一起開發了智慧手機酒精測試的應用程式。只要對著測試儀吹氣，酒精含量數值就會顯示在手機上。隨著該產品受到矚目，開發者也改變了當時的世界觀。開發者原本在興奮劑檢測技術方面很有實力，後來改變了自己的方向，將一切都連接到網路上。隨著世界觀的擴大，各種想法浮現腦海。
從這個事例中可以看出，關鍵在體驗科技世界。我們必須在體驗的同時登陸數位新大陸。體驗世界觀的改變，我們真正實力才能連接到事業上。

鄭智勳　現在物聯網和崔在鵬這個名字聯繫在一起，您是從什麼時候開始進行諮詢的？

崔在鵬　從二〇一一年開始，有三年的時間，我們諮詢了多達一百三十家政府扶持企業的設計。當時創建的正是將測量血糖後的數據傳到智慧型手機的技術，還有遺失物品時會通知的可穿戴設備。當時還太早，實際上成功的人並不多，相較之下，現在我們周圍的開發者都有很大的機會。

鄭智勳　雖然當時物聯網只是單純的製造，所以沒能成功，但現在的物聯網應該從服務層面來考慮用戶。不過缺點是還要做很多工作。我們所能想到最簡單接近物聯網的方式，不就是想想我們眼睛所見的所有東西都可以連接網路嗎？

金美敬　　那就來想像一下吧。如果吉他連接上網，那麼就依照我彈的吉他，樂譜是否就能完成呢？就像有個鋼琴教學的App，會根據樂譜發出聲音，那個就是將物聯網連接到鋼琴上吧。

崔在鵬　　還可以創建培養唱歌實力的練習功能。舉例來說，當我唱「風雨飄搖的大海，當風平浪靜時……」，只有當這部分的唱功超過一定分數時，才能進入下一個小節。就像玩遊戲一樣練習。像會打分數的K歌麥克風也是連接物聯網的產物。

金美敬　　真的很有意思。不是說世界上有多少人就有多少工作嗎？突然間，當人們開始認真想像物聯網時，我覺得一個令人驚奇的世界將會展開。

崔在鵬　　是的。就拿現在因為新冠疫情而普及的QR Code吧。事實上，中國在很早之前QR Code的使用就很普及了，但韓國並沒有。我們在書籍和各種宣傳物上放QR Code，好讓人們可以了解更詳細的資訊，但實際上運用的人很少。但如今QR Code卻因新冠疫情而成功地商業化了。

鄭智勳　和QR Code一樣，維基百科在世界各國都很活躍，但唯獨在韓國碰了釘子。這並不是因為韓國人很特別，事實上，韓國人對新事物會比較排斥。QR Code 剛開始因為陌生而不被接受，但被迫使用後發現其實很便利，算是突然就成功商業化了。

金美敬　前面提到物聯網是連接虛擬世界和現實世界的橋樑。最近聽說物聯網已經用在計程車上了，請問是如何運用的呢？

崔在鵬　乘客透過智慧型手機叫車，司機在前往接乘客的路程中，還收到乘客的位置資訊，還可以線上結算車資及付款。所以顧客只要叫車、上下車就可以了。今後，透過加入物聯網解決方案來保證為客戶提供最大程度便利服務的企業將會蓬勃發展。我覺得未來甚至連計程車的概念都可能會消失。隨著數位文明的傳播，工作也會發生變化。不過計程車業界目前也在轉型，盡力去適應物聯網領域。我想所有領域都將會經歷同樣的變化和調整。

鄭智勳　單看計程車的例子，就會出現很多新的職業。有人會製造計程車的連接機器，有人會製造連接導航或物聯網的插孔以及插入的零件。另外，還有人會在其中建構相機、應用程式等，然後有人會使之運行。在數位文明中，會出現很多新的選擇，所以不用太擔心會失去工作。

金美敬　但還是有人會問為什麼要學習科技。現在科技是我們日常生活中連接新世界的橋樑，即使與工作無關，是否也可以看作是生活中必不可缺的常識？

崔在鵬　沒錯。在數位時代想開餐廳，不能只像以前那樣考慮店鋪裝修什麼的，你需要有共享廚房、開發外帶的菜單、確保外送服務。另外，即使擁有實體餐廳，也需要安裝監視器、準備AI人工智慧預約系統，這樣才能立即應對顧客的要求。也就是說，在數位時代，只有利用數位新技術，才能以最佳條件取得成功。

鄭智勳　在創業過程中，不必特別著眼於開發新品。好好利用物聯網，也可以創業成功。例如，當你看到機器人沖煮咖啡或挖冰淇淋時，可能會認為應該開一家製造機器人的公司，但從另一個角度來看，或許也可以考慮機器人出租事業。

金美敬　關於物聯網的想像真是無窮無盡。那麼，在教育方面，可以給父母什麼樣的建議呢？

崔在鵬　再次強調，各種想法都是從擴大世界觀開始的。若能多幫助會很好，這樣孩子們就可以有更多新的體驗。我們以在網路上很容易找到的AI人工智慧學習社團為例，最近我看到一個大學生，透過在學習社團學到的技能，以一個非常簡單但相當有趣的創意取得成功。那個學生看了一個YouTube影片，教人如何使用谷歌的Teachable Machine，教人如何訓練機器學習模型，他只是照著做而已。那個影片我也看過，很簡單，在智慧型手機上安裝程式，拍攝兩百張蘋果照片，讓手機學習認識蘋果。然後再拍番茄的照片，讓手機學習認識番茄。這樣去超市把手機放在蘋果上，手機就會識別並回答「蘋果」。那個大學生學會後，利用它來開發了一個判別第一印象的程式。

鄭智勳　最近在 Netflix 播出的連續劇「Start-up」中，也出現了在公司面試時確認第一印象的橋段。

崔在鵬　沒錯。其實人們都很好奇自己給人的第一印象，那個學生開發出了告訴人們第一印象的AI人工智慧程式。當然，這不是個正式的項目，娛樂成分居多。首先，網路上有無數給人良好印象的照片，AI人工智慧可以根據那些照片學習好感的條件。演反派的人畫面一定也不少，那麼，再用那些來學習何謂壞印象。有了學習程式，接下來問題就是如何區分印象。那個程式做得非常有趣，三秒決定第一印象的AI人工智慧程式就這樣出現了。只要上傳照片，就會出現「你的第一印象是____」這樣的結果，據說已經超過六百五十萬人體驗過。該網站還招到廣告，那名大學生已經獲利數千萬韓圜了。的確，七大科技的新大陸擁有無限可能性。

金美敬　那麼物聯網技術最適合哪些領域呢？

鄭智勳　物聯網幾乎可以與所有領域結合，不過目前最受關注的是健康生活，因此物聯網與健康或運動結合的例子特別多。另外就是在汽車領域帶來的變化有目共睹，在美國，早期還把特斯拉汽車稱為「滾動的iPhone」呢。

金美敬　那麼，看似非常便利的智慧家庭實際接受度不高的原因是什麼？我記得以前還被稱為是「無所不在的大樓」，廣告打得很兇，但現在這種宣傳好像變少了。

鄭智勳　以前在建設新都市蓋公寓時，有不少智慧家庭設備連接到物聯網，例如智慧開關，但未能持續的最大原因是故障頻率太高。如果家裡有一盞燈壞了，智慧產品的更換費用會很高，所以常常會就放著不管，或乾脆換回原本的舊東西。也就是說，技術本身具有使用價值固然重要，但在普及率及經濟方面也要考慮。由於公寓是預售制，以建商為中心思考的智慧家庭似乎就是個問題。

崔在鵬　當觸及到顧客的心，也就是有好的體驗時，就會出現一群死忠的粉絲。像藍牙耳機「AirPods Pro」，雖然價格高昂，但銷售卻很好，這是因為當用戶把耳機插在耳孔上的瞬間，就能得到充分的滿足感。商品需要像這樣打動人心的行銷。但是，我認為智慧家庭並沒有把重點放在創造顧客滿意的體驗上面，才會失敗。

金美敬　未來要怎麼利用物聯網呢？

崔在鵬　讓我們在自己的領域引進並應用這項新技術。要好好規劃，就可以走向一個完全不同的新大陸。現在新冠疫情剛起步，物聯網產業也處於初期。在後疫情時代，我們需要規劃一個全新的社會。

鄭智勳　想要創造技術本身很難，但創意可以無限擴展。當你累積對新世界的瞭解，自然就會從中產生想法。

崔在鵬　學習七大科技應該從閱讀新文明標準的角度出發。這是一項改變我們日常生活的創新，如果不能適應，生活也會變得不便利和困難。與其勉強被文明牽著鼻子走，不如反過來過引領時代的生活吧。希望大家不要停止學習和挑戰。

Lesson 7

李翰柱

韓國最優秀的雲端運算專家

畢業於芝加哥大學生物系，二十多歲時創立了網路主機公司 Hostway，二〇一四年出售給美國私募基金，隔年在韓國及中國同步成立提供雲端管理服務的 Bespin Global。帶領 Bespin Global 進軍中東、美國、東南亞、日本，並向三星電子、SK 電信、現代汽車等韓國及海外三千家公司提供服務，取得了巨大成果。為第一代新創企業家兼創業投資者，在業界享有盛譽，並被評為引領雲端運算領域的領導者。

雲端的核心概念和基本哲學不是壟斷或所屬，

而是「共享」。

只在需要的時候使用需要的運算資源，

不獨占或壟斷，而是共享。

正確理解這個概念，讓雲端成為我們共有。

機會之神就在雲端裡，

讓我們為提升生活價值的雲端運算注入新的活力和熱情吧。

一直在你身邊的「雲端」

一提到「雲端運算」，總是會讓人莫名地感到困難又陌生，但與其它七大科技一樣，它已經是我們在日常生活中使用的技術之一。目前我經營的Bespin Global公司，提供的就是「雲端MSP」（雲端託管服務，Managed Service Provider）服務。 作為一個靠雲端為生的人，自然比任何人對雲端世界更感興趣，這一章要瞭解的就是雲端技術，並探索它所帶來的新市場面貌。

首先讓我們來定義一下雲端，英語就是「Cloud」，顧名思義就像天空中的雲一樣，當我們使用電腦儲存文件時，可以將它存在連接網路的伺服器上，而非電腦內部，這個空

數據中心裡滿滿的伺服器。

間就是雲端。如果使用雲端儲存，那麼就可以從任何可以連接網路的地方下載該檔案，不一定非要用自己的電腦不可。就像飄在天空中的雲，隨處可見。

如上圖所示，伺服器排列在一個巨大的空間裡並連接到網路上使用。這些伺服器正在全世界各地努力運轉。著名的雲端運算公司中有數千萬臺伺務器在運轉。亞馬遜在全世界二十五個地區有八十一個數據中心，裡面有數百萬臺伺服器。在世界範圍內，除了美國的亞馬遜、微軟、谷歌，還有中國的阿里巴巴、騰訊等企業，在全球構築了這樣龐大的運算資源。在韓國，Naver、Kakao、KT 也正運作著雲端服務中心。在這個強大的伺服器內部到底都在做些什麼呢？

未來的核心基礎設施

現在電腦可說是大家的朋友，每個人家裡或辦公室至少都有一臺電腦，而我們隨身攜帶的智慧型手機也可以說是迷你電腦，幾乎跟我們形影不離。電腦和智慧型手機內部有各種應用程式，世界各地有許多公司因此連接在一起，可以說每個人桌上的電腦實際上都在公司的數據中心內。每個公司都有內部或外部數據中心，因此我們的電腦等於位在全球所有企業數據中心。

從雲端過去的歷史來看，個人電腦的性能和儲存空間，都是按自己的需求搭建，伺服器就在自己家裡，自己親自操作一切。那是舊式的 IT 科技。在雲端世界裡就沒有必要這樣，只需要在我需要的時候，提取我需要的資料就好，取而代之的是每月支付費用。

這就好比過去我們把錢放在家裡的保險箱裡，但自從有了銀行，就把錢放在銀行。以電力為例，我們並非自己直接生產電，而是用發電廠生產的電，我們要做的只是把電器插頭插在插座上使用，並支付費用。

那借用難嗎？我們已經在使用雲端運算了，Netflix、YouTube、TOSS、酷澎、抖音等許多我們在日常生活中使用的應用程式都在雲端上運行。不僅如此，很多產業界經常聽到的服務也部署在雲端世界中，例如智慧工廠、智慧汽車、智慧城市等所有的一切都以雲端運算為基礎運轉。

最近的熱門話題就是無人自駕車，它的運行同樣需要大量的運算資源。而為無人自駕車提供動力的資源不僅存在於汽車中，也存在雲端。移動自駕車的動力在車內，但必須連接到包含數據的雲端才能發出實際移動的命令。以數據為基礎，使用基於雲端的無人駕駛軟體，讓汽車能按照設定好的方向和速度自動駕駛。自駕車產業成長的基礎就是雲端。

公司或行業之間的交易通常被稱為 B2B，就像無人自駕車一樣，在 B2B 環境中，雲端創造的是一個讓創新技術可以在自由流動的環境中發揮作用。在我們的未來世界中，雲端運算將成為關鍵的 IT 基礎設施。

如何快速預約疫苗注射呢？

不久前，在韓國國內造成熱門話題的就是新冠肺炎疫苗預約系統。韓國疾病管理廳（相當於臺灣的衛福部）制定了依照年齡順序預約接種的方式，但在五十多歲族群預約的時候，系統卻無法正常運作，引發了一場騷亂。媒體報導稱「屢次預約失敗……『增加伺服器不就好了嗎？』」、「疫苗預約系統的問題是沒有使用雲端」等。

簡單來說，就是預約系統出現了錯誤。兩週後，還有大約兩千萬名十九歲到四十九歲的民眾正在等待預約，因此，讓很多人擔心會不會又再發生問題。事實上，透過疾病管理廳現有的系統，要在短時間內讓那麼多人同時預約幾乎是不可能的。改善的時間只有二個禮拜，這時的解決方案就是在私有的雲端空間去建構一個預約系統，以雙向操作的方式才能改善。

首先，將兩千萬名國民分成十個子系統，每天開放兩百萬人預約。導入預約信號燈，讓預約民眾可以直接確認連接狀態。這個系統的背後，需要靈活的運算資源才能夠支持。雲端運算是只在需要時借用必要的資源，因此，不需購買新的伺服器，只要按照需求借用即可，但要借得好，前提是預約系統本身必須針對雲端進行優化。為此，在科學技術情報通信部的主導下，短短兩周就完成了新的疫苗注射預約系統。當時，Bespin Global 也以 NIA 為主軸一起參與了這項工作。現在說來好像很容易，但當時要在極短的時間內為兩千萬人設計、建構、測試和分發一個系統是一項近乎不可能完成的任務，對我們來說也是一個巨大的挑戰。

結果非常成功，被評為官民合作的優秀事例，並在官方所有部門參與的「二〇二一年下半年度積極行政最佳合作競賽」中獲得大獎。

但是，如果當時沒有雲端運算系統，而繼續使用舊系統會怎麼樣呢？要購買並安裝新的伺服器，安裝後進行測試，這時間至少要六個月。疫苗預約系統延遲六個月，勢必會造成巨大的混亂。

幸運的是，多虧有雲端運算，才沒有發生那樣的事。但怎麼可能在短短兩週時間就解決問題呢？簡單來說，就是用雲端運算的資源，創建和借用一個帳號，費用後付，該應用程式必須重新設計和建構以適應雲端環境、測試和部署，這需要各個領域的專家之間迅速和有效率的合作。大約投入了三十多名雲端領域專家，全程二十四小時監控，出現問題就在第一時間立即應對。因此，全體國民在都可以在最新 IT 技術的協助下輕鬆預約。

在預約結束後、不需要系統時，只要停止使用大量的運算資源就可以了。如果按照以前的方式進行，就必須購買安裝自己的伺服器，而那麼大量的伺服器使用兩週之後就會成為無用之物。因此，雲端運算系統因此避免了鉅額稅收的浪費。

雲端是僅在我需要的時候才借用的必要資源。因此，疾病廳在疫苗預約系統使用後，大幅減少了雲端空間。如果以後發生緊急狀況，到時候可以再根據需要增加空間。這些是可以在幾秒鐘內自由進行的，這種彈性速度也是雲端運算的關鍵差異之一。

現在我們過著飛速發展的生活，現在已經不再懼怕大企業，而是害怕快速的企業，因此，如果能夠快速應用IT技術，就是將企業價值最大化的事。換句話説，有沒有使用雲端的公司，差距會越來越明顯。

雲端管理服務「MSP」

在當今世界上佔據主導地位的眾多 IT 系統中，有多少在雲端？看起來好像應該很多，其實不然。目前全世界只有約百分之五的 IT 系統上傳到雲端，其餘百分之九十五仍延用舊方式，系統在公司內部或外部的數據中心中運行，或將數據存儲在個人電腦中。然而，有越來越多的系統將遷移到雲端，而雲端 MSP（雲端託管服務）的工作就是中間的橋樑。簡單來説，雲端 MSP 是提供所有雲端相關服務的公司，從諮詢到系統建構、售後服務，這不僅在韓國，在全球各地都一樣的。雲端 MSP 的成長才剛剛開始，因為這是一個與雲端一起成長的行業。

雲端 MSP 公司 Bespin Global 最近加入了建構疫苗預約

系統的過程。當時雲端平臺由 Naver Cloud 提供，負責開發和營運與科學技術部及 NIA 一起為雲端設計的業務邏輯和系統。以下簡單介紹當時雲端 MSP 的工作。

首先，組成一個由三十多名雲端開發、基礎設施、安全、系統維護及測試的專家小組，並配置了私有雲端轉換及新應用程式開發的基礎設施。建構連接頁面、身分認證、重複連接確認、備用系統私有雲端等，並擴增至十分鐘可處理一千兩百萬人次的程度。透過使用加密的儲存數據庫來防止重複預約及迂迴連接，最後盡最大努力進行二十四小時監控和營運應對。

在這個過程中，使用了雲端統合管理平台 OpsNow 和 Insident（IT 障礙）管理解決方案 AlertNow。盡可能將多的任務實現自動化，只用很少的人就提高了管理效率，結果，從二〇二一年八月九日到二十日，總共十二天，共「處理了一億四千七百六十五萬例，高峰時段雲端服務處理量高達一千九百四十一萬件 / 天，平均一千兩百三十萬件，平均排隊時間五分鐘」的成果。在這場與時間的賽跑中，雲端使得各種基礎設施的利用變得容易，所以一切都可以快速構建。

「失敗也沒關係」，有雲端在

那麼雲端是如何使IT創新成為可能的呢？這是因為它大大解決了現有系統的缺點。現有的伺服器系統在初期需要大量投資，購買伺服器、安裝、週期性更換，這些成本很高。此外，在擴展基礎設施，需要很長的時間來保護裝備及設置，因此，若訪客數量迅速增加時，就會負荷不了。

而且不能縮小尺寸。換句話說，很難縮減現用可有伺服器的總量。由於伺服器不應該因為用戶激增而癱瘓，所以不管是處理幾千萬還是幾十人的資料，系統的總容量都是一樣的。由於總是要計算最大值並建構它，所以一旦風暴過去，現有的伺服器就會變成毫無用處的金屬。這是因為用戶數量急遽減少，且可用容量顯著增加，也無法用於其他用途。另外，如果是真的鐵塊就算了，但這個鐵塊還會消耗大量電力，這是違反可持續經營原則的 IT 資產。

另一方面，如果使用雲端運算，如前所述，只需為會使用到的內容付費即可，所以更便宜，而且還更快速、敏捷、容易擴張和縮小。還有雲端的優點是只要可以上網，隨時隨地都能使用。自從新冠疫情爆發之後，許多公司都採居家辦公，這種時候如果公司只用內部網路，而未引進雲端，那麼平常在辦公室處理工作的上班族要居家辦公就等於沒辦法了。像這樣，隨時隨地都可以使用，是雲端的一大優勢。使用它的公司和不使用它的公司之間存在很大差異。

然而，雲端快速、便宜且易於擴展和縮減的事實只是一種現象，我們真正應該看到的是這帶來實實在在的利益和機會，就是可以大幅降低失敗成本。失敗一百次的公司和失敗十次的公司，哪一個較具競爭力？失敗一百次的公司比失敗十次的公司更具競爭力，因為挑戰的次數越多，失敗就會越多，而最終，失敗要變得容易才能夠成功。如果想要容易失敗的話，IT 要成為堅實的後盾。我們需要創造一個 IT 可以吃掉失敗的環境。雲端使這成為可能。

與過去相比，現在因為有雲端的存在，失敗成本降低，使得很多企業，特別是新創公司可以嘗試更具挑戰性的事物，無需花費數千萬元投入初期 IT 資產費用，這不得不說是雲端運算給我們的禮物。

正如疫苗預約系統的例子，公家機關也要將所有系統轉換成雲端才能生存下來，我們可以說，公共機關的革新不再是技術問題，而是我們生活的問題。

與雲端運算一起成長的企業

雲端對我們生活的各個領域的影響與日俱增，那麼在行銷方面呢？雲端如何改變行銷方式呢？

二〇二一年最熱門的新聞之一，是酷澎在紐約證券交易所上市。二〇二一年三月首次亮相時，酷澎的市值為一百兆韓圜，這是個非常驚人的數字，比韓國其它代表性流通企業的總和還多。當時，樂天、新世界、GS、現代百貨加起來的總市值約為十二兆韓圜左右，即使酷澎的市價縮水一半，也大於代表韓國的所有零售企業。

那麼，酷澎與其它流通企業有何不同？因為這裡有雲端。現在消費者可以在購物的同時，愉快地消費他們喜歡的內容。通過直播、元宇宙等新的方式進行消費。最近知名精品古馳進駐了 Naver 旗下的元宇宙平臺「Zepeto」。為了裝飾在元宇宙之內活動的我的化身，當然少不了時尚，所以古馳進來了。現在其它知名精品也陸續加入元宇宙。

甚至還有從元宇宙起家的時尚品牌，包含了元宇宙的哲學和風格的時尚正興起。這個時尚品牌的價值可能比實體時尚品牌的價值更大。現在，在元宇宙中取得成功的產品將逆襲回到線下。

然而，這個元宇宙新市場也是建立在雲端的基礎設施之上。網路電子商務也是如此，所以酷澎系統是百分之百在雲端運行。當前所有業界位居領先地位的公司的共同點，就是它們都提供以雲端為基礎的服務。

這是服裝公司還是IT公司？

「SHEIN」是中國迅速崛起的時尚品牌，以抖音直播電商而聞名。他們分析世界各地造訪抖音或 Instagram 的用戶的品味，接收即時訂單，並直接從工廠製作及寄送。SHEIN 現在引領全球快時尚產業，他們的成功是可能的，因為擁有能夠在電子商務環境中處理大量數據的運算資源。

換句話說，SHEIN 的成功得益於雲端運算。雲端是將全球客戶的所有需求儲存、分析和生成數據的基礎。

但是老實說，SHEIN 到底是時裝公司還是 IT 公司，實在很難區分。過去的時尚趨勢是以設計師的時裝秀為基礎的一季。所以，如果新的設計未受到顧客喜愛，就等於整年的生意都完了。不過對於現在的 SHEIN 來說，今天失敗了也沒關係，明天可以再來一次。以前是一季，現在幾乎以一天為單位，所以今天的生敗不會構成問題。酷澎也分不清是流通企業還是 IT 企業。因此，以雲端為基礎的創新正在所有領域中進行。

黑色星期五是美國十一月時慶祝感恩節的大型購物特賣活動，全年有超過百分之三十的消費集中在黑色星期五，購物量會呈現爆發性的成長。但是如果沒有雲端運算，這有可能嗎？

中國最大的購物節雙十一購物節也是如此。雙十一購物節開始後約三十分鐘，銷售額突然暴漲，折合韓圜約六十八兆韓圜。現有的伺服器是否能夠應對這麼短時間內突然爆發的客戶流量？所以現在，留給企業的唯一選擇就是雲端。

超越Y2K的雲端

如果雲端是趨勢，那麼今後會如何改變孩子的教育呢？二〇二〇年受新冠疫情影響，韓國五百四十萬名小學、國中、高中生開始在線上接受教育。大部分學校轉換為遠距教學，這段時期的線上學習也是以雲端為基礎構成。韓國的補習班系統也逐漸轉移到雲端，EBS 在線課程、E-Learning 等教育平臺都以雲端運算營運。

事實上，完成七大科技基礎的就是雲端運算。雲端運算類似道路系統，沒有它不行，在目前全球 IT 產業瞬息萬變的時代，僅韓國就需要約四十萬名雲端運算專家才足夠。

目前世界上 IT 技術最領先的國家是誰？美國矽谷目前高股價的企業的 CEO 大部分是印度人。IBM 的阿溫德・克里希納（Arvind Krishna）、谷歌的桑達爾・皮查伊（Sundar Pichai）、微軟的薩蒂亞・納德拉（Satya Nadella）、Adobe 的山塔努・納拉延（Shantanu Narayen）都是。

還記得一九九九年的千禧年危機嗎？當時，隨著年分進入兩千年，全球所有系統都面臨被關閉的風險，而當時將兩位數的電腦代碼全部改為四位數，做得非常出色的國家就是印度。雖然得益於原本就很豐富的人力資源，但從那時起，僅短短二十年，印度人就站上 IT 之王的寶座。在美國矽谷的公司中，很多都是印度人。

現在，超越二十年前千禧年危機的話題就是雲端。在千禧年危機中，我們只需更改日期，但現在我們必須更改所有代碼。世界上所有的計算機系統都必須更改為雲端優化狀態。這是我們的機會。就像印度在二十年的時間裡因為一場千禧年危機而徹底改變一樣，我們必須抓住這個機會。

值得關注的雲端公司

有很多文科生會害怕電腦編碼，其實編碼只是一種計算機語言，完全沒有必要害怕。只要學習語法，多吸收相關知識，任何人都可以成為雲端專家。在主導世界的 IT 應用軟體系統代碼都必須改變的今天，雲端專家是這個世界最迫切需要的未來人才。目前，雲端運算市場供不應求，不均衡的現象相當嚴重。這就是為什麼越來越多人都想成為雲端專家的原因。

現在是終身學習時代，隨著平均壽命的延長，人類需要更多時間來累積知識。人類的大腦不像電腦一樣有固定的容量，所以不斷接受新事物的人，大腦比較活躍。而且現在的教育環境比以前好多了，我們可以透過 YouTube 和其它免費網站資源吸收新知。當我們為自己升級新知識時，我們的生活才會更豐富，所以學習雲端運算是為自己做的事。

像現在這樣，在雲端本身供需嚴重失衡的時候，肯定會有投資機會。那麼，在瞬息萬變的世界裡，應該投資什麼樣的企業呢？

在過去三年間，有些公司的股價表現出快速增長，他們被稱之為「MTSAAS」的雲端公司，依序是微軟（Microsoft）、Twilio、Salesforce、亞馬遜（Amazon）、Adobe、Shopify。他們比最近幾年引領美國股市的被稱為 FAANG 的臉書（Facebook，現在為 Meta）、蘋果（Apple）、亞馬遜

（Amazon）、Netflix、谷歌（Google）呈現出更迅速的增長勢頭。

如此一來，全球企業價值快速提升的公司的共同點就是都在做雲端業務。因此，未來對雲端公司的投資將大幅增加。

雲端的未來在「SaaS」

提供雲端運算服務的企業價值持續上升的原因是什麼呢？據跨國諮詢公司麥肯錫在二〇二一年二月發表的報告書顯示，引進雲端運算的企業，在九年後利潤將增加一千兆韓圜。這不是銷售額，而是利潤。韓國二〇二一年的總預算為五百五十八兆韓圜，相比之下可見這利潤有多大。

那麼營業利潤是怎麼來的呢？首先，應用程式開發及營運生產力提高了百分之三十八，在開發、營運、維護領域將創造七十五兆韓圜的附加價值。另外，應用程式的下載時間減少了百分之五十七，成本降低了百分之二十六，新功能上市的時間縮短百分之五十五，基礎設施成本效率增加百分之二十九，故障減少了百分之五十五。麥肯錫公司就這樣一一調查，一一公布。

當然，雲端運算不能保證成功，但可以肯定的是，現在若沒有雲端，在這世界就無法生存。使用網路、電腦、手機都只是選擇而已，當一個新趨勢出現，唯有先投入到浪潮中的企業和個人才能生存下來。

人們常說雲端的未來「SaaS」——Software as a Service，軟體即服務的意思。現有的軟體使用方式是購買並使用已上市的版本，在新版本發布時進行替換或更新。但是，SaaS 是按月支付訂閱費來使用軟體，而且隨時進行更新，無需額外付費或加購新版本。SaaS 是向用戶提供最新版本軟體的最理想方式。一般來說，雲端服務根據提供的資源分為 IaaS、PaaS、SaaS，IaaS（Infrastructure as a Service），換句話說，它是一個以訂閱型雲端的形式提供計算資源的概念。而 PaaS（Platform as a Service）是平臺即服務的概念。

開發雲端是為了讓我們在需要的時候使用需要的東西，SaaS 是以雲端運算為基礎的軟體，是引領軟體流通方式發生根本性變化的概念，目前全世界每天都有數千個 SaaS 商品湧現，最具代表性的就是「Shopify」。

全世界的雲端運算產業目前急遽增長，到二〇二五年整體市場規模預估會超過八百四十八兆韓圜，過去六年創下了兩百二十九兆韓圜的成長，其中軟體就占了一半以上，預計四年後將增加五百二十五兆韓圜。

移動到雲端的IT模式

IT是指資訊科技（Information Technology），那麼「OT」是什麼呢？就是「操作技術」（Operation Technology），簡而言之就是營運，它是指工廠、發電廠、物流、交通等產業系統中製造、生產、設備、流程等生產工作的運行技術。這些 OT 也需要全部數位化。交通系統、醫療系統、工廠系統、汽車系統都必須進行數位轉型。

這一數位轉型過程最終將由 SaaS 完成。這是透過在 OT 和 IT 中加入 AI 人工智慧而完成。因為基於雲端的服務型軟體 SaaS 使這個成為可能。每個行業都有自己的特色和方法，現在，利用軟體將這一系列模擬活動自動化。SaaS 可以收集和分析即時數據，並以此為基礎快速更新。因此，可以即時收集現場產生的大量數據，並應用到產業的特定軟體中。這樣就開發出專門針對該產業的雲端軟體，並成為整個業界使用的工具。

OT SaaS 是未來徹底改變世界的新概念，現在各產業都將誕生具有代表性的 SaaS 企業。汽車雲、電池雲、共同住宅雲、媒體雲、流通雲、船港雲、工廠雲、智慧城市雲、政府機關雲等都是可能的。

韓國若想在數位世界中居領先地位，必須為每個行業創建一個雲端。韓國目前已經擁有世界一流的技術，半導體、造船、汽車、顯示器、核電廠、鋼鐵廠、建築、醫療技術、媒體產業等都已經處於相當水準，現在要做的就是結合雲端運算。

如果將我們已經擅長的領域數位化並放到雲端，就可以成為一個通用的軟體解決方案並出售。在距離首爾大約兩三個小時的半徑範圍內，有世界最大的城市、最大的港口、最大的機場、最大的工廠、最大的流通市場、最大規模的雲端運算。因此，韓國有可能成為 B2B SaaS 的領導者。

目前，美國和中國正在就雲端運算的霸權展開戰爭。事實上，這對韓國來說是一個大好機會。美國絕對不會使用中國的雲端，中國也絕對不會使用美國的雲端。但是，美國和中國都擁有引領雲端運算產業的公司，而且規模非常大。希望移動到雲端的國家將面臨選擇，在這裡韓國就有機會。智慧型手機的應用市場比製造市場大多了，因此，雲端不僅與基礎設施有關，利用雲端運算打造的未來市場前景更是看好。在那個市場裡會出現像 MSP 這樣的雲端營運管理市場，還會有 SaaS 市場、平臺市場等。韓國的 IT 國家水準高，企業信任度也高，還有具備全球競爭力的產業和聰明、博學的人才。

在 IT 程式典範（IT Paradigm）向雲端轉移、中美爭霸需要第三條路徑的時代，如果韓國能夠迅速行動，就可以在數位世界中獲得主導權。如果全球 IT 市場價值四千四百兆韓圜，B2B SaaS 市場加上 IT 和 OT 將價值八千八百兆韓圜。而這個市場絕對不能由一個企業壟斷。的確，各個行業都會蠶食那個市場，但在這裡的基本價值是擅長 IT 的公司，同時有擅長 IT 的人。所以我們的學習要永無止境。

將「共享」變成自己的東西

那麼，在雲端運算的時代，哪些職業會消失、又會誕生哪些新的職業呢？雲端 MSP 當然會受到飛躍性的關注。很多系統都需要在雲端上重新建構，而誰來做這件事呢？當然就是雲端運算相關公司的工作了。現在無論是誰，只要成為雲端專家，與雲端運算相關的職業就會增加。七大科技都是以雲端為基礎，雲端運算產業怎麼可能不會成長呢？

讓我們想想，如果說人類的歷史是五千年，那麼在過去的四千九百年裡都是單純地學習和使用文字，而近一百年的技術發展才是實際上徹底改變人類生活的革新。現在，這項創新有了新的面貌，並向我們走來。我們總是傾向於將思想限制在一個狹窄的框架內，例如認為念文科的不懂技術。然而，在這個快速轉型的時代，單純區分文科和理科，豈不是落伍了？

然而，現在需要的是一種雲端哲學和一種對共享的理解。「共享」的概念必須徹底成為自己的。以區塊鏈為例，除非徹底更新概念，否則無法使用區塊鏈。支配世界的不是人，而是數學公式，如果你不接受這個哲學，就不能接受區塊鏈。

不要忘記雲端最核心的概念是「共享」，我只在需要的時候使用需要的資源，同時我與他人共享，而非擁有。讓我們充分掌握這個概念，並積極投入到雲端世界，這將是目前世上最明智的事。

Interview

由我們自己就能創建自己的雲端的時代指日可待。

金美敬 × 李翰柱 × 鄭智勳

金美敬　雲端服務是什麼時候開始受到關注？還有為什麼會受到關注？

鄭智勳　隨著矽谷新創公司的崛起，雲端服務在兩千年代中期開始受到關注。雖然是大型企業最先使用雲端，但真正讓雲端增值的卻是矽谷的新創公司。正如文中提到的，多虧了雲端「失敗了也沒關係」的價值觀在新創公司中蔓延。

金美敬　這是不是就像住在一個具備全套設備且無需押金的房子裡，如果不喜歡，隨時都可以收拾行李離開。

李翰柱　沒錯。妳舉例說的房子，也從全套具備的房子，變成多了一點設備和管理人員的公寓，將來會發展到高級飯店的水準。顧名思義，一切都準備就緒，只要挑選自己需要的就好。

金美敬　意思是準備了許多不同的雲端，我們只要從中選擇就可以了嗎？

李翰柱　是的。可以把現在的雲端想像成一個「公寓」，空間很寬敞，但仍然需要自己裝飾室內。但是在未來，所有的企業客戶都可以專注於他們的內容，其他的一切都可以用SaaS來解決，包括創建和營運內容創作的環境。例如人事、會計、總務、IT資產管理、溝通等。目前，解決這一問題的雲端運算相關企業正在增加中。未來，我們期待人人自建雲端的時代到來。可以製作提供內容所需的元素，並使它們普遍化來將它們出售給其他內容公司。

鄭智勳　現在仍然可以找到創建自己的雲端的案例。我投資的一家遠程醫療技術公司為自己創建了數據管理雲端系統服務。當時，還開發成可以在別處使用的形式，結果反應良好，現在甚至已經開始銷售了。

李翰柱　如果仔細觀察世界上具有高企業價值的公司，它們都是利用從公司與消費者之間的 B2C 交易中衍生出來的雲端技術來製造自己的產品。包括谷歌、亞馬遜和微軟。隨著B2C規模變得龐大，需要大容量的計算，於是創造出了雲端，並使之共享。但是蘋果自賈伯斯時代以來，企業文化就是封閉的，他們不會分享自己做得好的東西。但是，我們不能忘記，雲端最基本的理念是「共享」。

金美敬　為了能夠共享，首先必須將線下的技術數位化並上傳到雲端，如果是這樣的話，瞭解和不瞭解雲端的基本概念，在業務拓展上會有很大的不同。

鄭智勳　就像鴨子划水，人們只看到牠在水面上優雅的姿態，看不到水面下勤快移動的腳。雲端也是一樣，它是在我們看不見的地方支撐所有事業的技術。

金美敬　那麼從現在開始也要關注鴨子的腳了。那麼一般大眾應該如何接近雲端呢？如何提高理解度並應用呢？

李翰柱　我們已經在使用雲端了。例如電子郵件，就是典型的社區雲。而作為照片儲存方式使用的Google Photos 或iCloud也都是雲端。因此，我們已經與雲端有了密切關係。只是企業應用還沒有轉移到雲端，尚未引進ERP或企業電子郵件系統。

二十年前，最好的系統和最好的電腦都在公司內部。但是，從某個時候起，個人電腦和應用程式已經有了更大的發展，而公司內部的環境卻變得相對落後。

鄭智勳　現在人們覺得最不方便的就是機關使用的系統。UI，即產品及服務的視覺部分，還有UX，即用戶的體驗感受也是如此。特別是公家機關非常複雜，很多時候看起來就像還停留在一九七〇年代的系統。

李翰柱　將來，這些終將不得不改變。所以雲端是一個機會。在企業中，只有改變快的才能生存，不改變就無法生存下去。

金美敬　雲端似乎在兩個部分與現有方法有所不同。首先，與過去自己購買的伺服器不同，現在我可以用「儲存」的方式使用，可以透過與雲端公司簽訂合約來存放我的數據。第二個區別是可以購買現成的應用程式。
我在經營 MKYU 時意識到，我們需要的服務已經到位了。比如會員管理系統、影片播放系統、社區公告欄等等，一切都已經做好了。所以我很容易地從一家雲端公司購買這些系統，並將它們組裝起來，可以非常容易地創建一個網站。能夠借到所有東西為我節省了時間和金錢。

鄭智勳　是的。十年前有一家從事影像輸出的公司，因流量過大而不得不結束營業。但是現在MKYU流量雖然比那時候大很多，但服務還是很順暢。這不都是託雲端的福嗎？另外

YouTube也是一種雲，特別的雲。

金美敬　如果用我自己的錢做YouTube雲端的話，真的需要花費大量的錢和時間。

李翰柱　在兩千年代初期，ASP（Application Service Provider，應用服務提供商），一種以固定費用在網上租用軟體而不是打包銷售的服務，就是我們現在談論的SaaS。那時候，技術還沒有跟上，首先是因為網路速度很慢，而且只能經由電腦連上網。但是現在網速更快，我們可以從任何地方連上網。如果你以前是下載音樂，你可以把雲端想像成只是串流傳輸我們需要的應用，就像我們現在通過串流媒體收聽一樣。幾乎所有的創新都從基礎設施開始，而這個基礎設施就是雲端。許多不同的想法由此而來。

鄭智勳　可以把七大科技的社會間接資本SOC看作是雲端。

金美敬　隨著雲端運算的擴展，有什麼新職業可以預期呢？

鄭智勳　不僅在諮詢或系統管理員方面，而且幾乎是每個領域都將創造新的工作崗位，可以肯定的說，如果將雲端放在當前工作的前面，就會創建一個新工作。

金美敬　從開發者的立場來看，雲端是個新的機會。現在需要多少雲端人才呢？

李翰柱　首先，預計需要約四十萬人左右。我們需要人手來開發這個系統，但今後將需要更多營運的人力。另外還需要能夠銷售雲端服務的銷售人員。事實上，雲端教育產業將成為現階段最大的產業，這裡完全沒有文科理科之分。

金美敬　與雲端融合產生協同效應的典型技術有哪些？

鄭智勳　如果進行數位化轉型，有很多數據可以利用，所以AI人工智慧會直接連到雲端，因此與雲端直接相關的是AI人工智慧。透過升級雲端的數據和事物來創建、發送、瞭解優秀知識的一系列過程被稱為商業智慧（Business Intelligence）。AI人工智慧和雲端齊心協力，幫助企業做出合理的決策。

而硬體與雲端相結合，就是我們前面討論的物聯網。最終，根據雲端的性能，硬體也會變得越來越好。

金美敬　對於物聯網來說，雲端運算可以說是大腦。

鄭智勳　起初是小型大腦，但連接網路後，就會擁有非常大、多樣化的大腦。

李翰柱　物聯網簡單來說，可以想成是攜帶手機的機器，這叫做邊緣運算（Edge Computing）。邊緣運算與中央集中伺服器處理所有數據的雲端運算不同，是指透過分散的小型伺服器即時處理的技術，要想做出更迅速的判斷，這是必備的技術之一。

例如無人自駕車做出避免事故的判斷，可不能花時間吧？因為網路的速度還不能跟上光的速度，所以需要在每個設備內也設有可以運算的引擎。因此，雲端不僅在中央，在各事物中也要存在。

鄭智勳　知道我們現在生活在雲端的世界裡，如果我下定決心開始做某件事一定要用雲端，那我可以說我已經進入了一條新的道路。

李翰柱　在數位世界裡，要想擴大我的主權，就必須了解雲端運算。畢竟流量就是金錢，花費金錢會產生價值。數據也是一樣的，數據也需要流通共享才能產生價值。在這裡需要圍繞個人資訊保護問題達成社會協議，在這樣的協議下邁向「共享」之路。

事實上，韓國可以說正處於「共享」和「停滯」之間的十字路口，現在需要明智的選擇。

金美敬　從個人的立場來看，雲端運算可以將自己的事業價值提高十倍、二十倍。希望大家能夠正確理解雲端運算，好好利用雲端運算，讓機會之神站在我們身邊。

Lesson 8

金相均

慶熙大學經營研究生院教授

另一個我，夢想中的世界，「元宇宙」

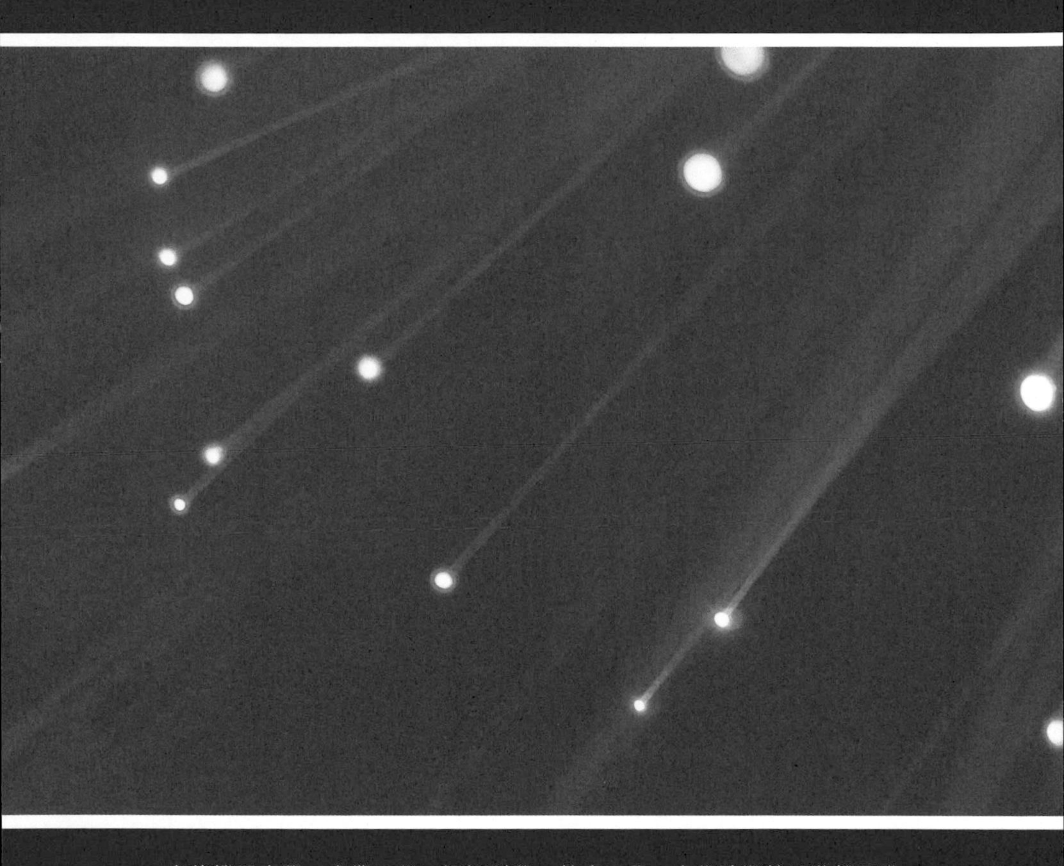

主修機器人學、產業工學、認知科學、教育工學。大學時期就以遊戲開發者身分邁入社會。從二〇〇七年開始擔任江原大學產業工學系教授，目前正研究如何讓用戶移動至元宇宙內並沉浸其中。以此為主題參與國內企業、機構及國外培訓、製造業的專案等。著有《登入元宇宙：解放自己，擴增夢想的次元》、《遊戲人》等。

歸根究柢，人是為了追求幸福而存在。

元宇宙也是人類追求幸福的一種方式。

想打造幸福世界、幸福的我的這種慾望，讓人類實現了元宇宙。

想變得幸福嗎？要努力嘗試充分享受元宇宙。

不要忘了，現在要走的道路，是要自己開創，而非別人告知或教導的路。

在任何人都是主角享受幸福的時代，

讓我們盡情利用元宇宙這個工具吧。

記住，成為世界主人的道路一定在元宇宙中。

走向新生活的「數位地球化」

最近讓世界沸騰的新詞——Metaverse，又稱「元宇宙」。現在正是元宇宙的時代，讓我們進入一個現實和虛擬混合的世界——元宇宙吧。究竟元宇宙是什麼，如何改變我們的生活？一邊想像因它而改變的未來模樣。

Metaverse 是複合詞，Meta 是「超越」，verse 是指 Universe，即「宇宙」、「世界」的縮寫。若要說元宇宙就像公車，恐怕很難聯想，但我認為它就像公車，是一種交通工具，可以載著我們前往任何地方的一種數位地球化（Digital Terraforming）的意像。

地球化是指改造人類無法生存的外星行星，實現人類生存的地球化過程。在電影「絕地救援」（The Martian）中，地球人到火星開墾土地，那就是地球化。但為什麼要進行地球化呢？因為人類的慾望規模太大了。

最近，各界有不少宗教領袖一致譴責人類的慾望，呼籲人們停止再夢想新事物。這或許是一種宗教反思的說辭，在心理上是沒有用的。根據認知科學，人腦必然會不斷渴望新事物，這就是為什麼在歷史上，人類能打敗眾多競爭物種成為支配地球的物種。

然而，隨著時間的推移，地球感覺越來越狹窄，現在已經無法滿足七十八億人口的需求了。這就是為什麼各國不斷嘗試進行火星探索的挑戰。可惜的是，我們還無法去火星。說實話，沒有人知道那什麼時候會發生或是否可能發生。所以，我們在虛擬空間裡創建了一個比火星更大的地方，就是元宇宙。

元宇宙的出現讓世人驚奇。就像哥倫布發現新大陸一樣，在那之前，我們完全不知道有那個地方的存在。當然那裡有原住民生活著，但從被發現的那一刻起，那塊土地就成了一個巨大的新大陸，成為全球發展的熔爐。元宇宙也是如此，是一塊原本不存在的土地，但隨著我們發現和創建，它變成了一個新的、更大的大陸，一個新的數位化技術的基地。

以虛擬化身生活的網路世界

二〇二一年八月初，韓國的國民議會進行了一項有趣的討論。據說各種外國元宇宙平臺進入韓國，並在韓國境內創建元宇宙，因此國會特別排入議程討論元宇宙是什麼。

當時討論出的元宇宙定義是這樣的，「人類以象徵我的另一個象徵物生活的網路世界」。簡單來說，就是一個「以化身生活的網路世界」。而「化身」和「生活」這兩個概念將成為關鍵。

那麼，我們一定要隱藏原來的樣貌嗎？雖然不是強制性的，但一般來說人們經常都會使用大量虛擬化身，生活在各種活動中，而非只有一種活動。

我就用自己來簡單舉個例子，介紹一下我的元宇宙，我的化身是我女兒用我的自拍照做的，比我本人年輕帥氣多了。這個年輕帥氣的化身走動的空間，就是我的研究室。我夢想中的研究室是一片綠草如茵，還有潺潺溪水流動的地方。越過小溪，有我喜歡的冰淇淋店、麵包店，還停了一輛車。中央有棟建築，走上二樓會看到一張大床可以躺著休息，三樓還有個雅緻的接待桌。這種規模的研究室是任何一個大學校長都沒有的規模。

但是我卻擁有如此華麗的研究室。我可以在那裡約談學生，召開小組會議，進行個別談話。記者偶爾也會利用這個空間進行採訪。在這裡，我用化身受訪、拍照。這就是元宇宙的世界。

消除恐懼的虛擬空間

還有很多不同的選擇和例子。也有把現實生活中很多人熟悉的空間直接原形重現，而非像我的研究室一樣充滿個人色彩。

那樣可以緩解我們在進入新的空間，進行新體驗時的緊張感。例如入伍前、去醫院時，每個人多少都會有一些恐懼。對整形手術，人們會有期待感，但若是大手術，心中就會充滿不安。人類對從未去過的空間有兩種情緒，期待和恐懼，而醫院大部分都是恐懼空間。

所以醫院會關注人們對醫院的信賴度，投入大量心力宣傳醫院裡有優秀的醫療人員和設施。但是患者們的好奇心不會停止，他們想知道我將要躺的手術檯、要進入的病房是什麼樣子。但不可能提前到醫院參觀，因此醫院便開始打造以實際空間為範本的虛擬空間。

在裡頭詳細展示手術現場、院內設施、餐廳等。這樣一來，可以降低患者的恐懼。從醫院的立場來看，也可以減少繁瑣費時的電話諮詢的必要性。

在某種情況下，元宇宙創造了一個不存在的複雜世界，利用 AI 人工智慧角色進行巨大的表演，但有時可能只是單純地想展示空間，這也能產生相當不錯的效果。換句話說，元宇宙其實並不是什麼非常複雜的東西，就像我們手機上的 App 一樣，任何人都可以輕鬆享受。

即使現在很陌生，但不知不覺就會熟悉的元宇宙

現在幾乎所有企業都在思考元宇宙，其中，LG 的研究可說是最活躍，投資也大幅增加中，而且每個子公司都在進行各種實驗，其中一個就是徵才。最近 LG 在元宇宙舉行了徵才博覽會。新冠疫情的影響是一個原因，不過要從遙遠的外地跑到首爾參加三個小時的應徵是相當沒有效率的事，所以在虛擬空間中舉辦。但是，如果人們必須使用一些複雜的

軟體或購買昂貴的設備才能進入，那麼人們到訪的機率就會大大降低。

事實上，元宇宙日益擴展，可訪問性是相當重要的一點。我記得不久前去一家賣湯飯的店，居然看到自助點餐機，讓我嚇了一跳。因為不熟悉，所以操作時按錯了好幾次，不過服務員看到了也只是在一旁雙手抱胸看著，沒有給予任何幫助。我都這樣了，不熟悉科技產品的長輩們可能會覺得更困難而乾脆就走了。實際上元宇宙進一步放大了這種恐懼，原因是因為它太新了。

但是這幾年因為新冠疫情的關係，從小學生到家長，使用 Zoom 上課、開會、朋友聚會等已成為家常便飯了。元宇宙就類似這樣。這是一個任何人都可以進入的平臺，只要家裡有一臺舊電腦，上面安裝一個網路攝影機就行。進去時感覺就像到了以前的社群 Cyworld 的感覺，有小小的化身，只要用方向鍵移動即可，靠近攝影鏡頭，麥克風就會打開。

不久前，一家名為NEXON的遊戲公司曾舉行過一個有趣的活動。喜歡電玩遊戲的人對NEXON應該不陌生，他們最有名的遊戲就是「楓之谷」，NEXON將其打造成「招聘谷」。當時我覺得很神奇，便進去一探究竟。他們把「楓之谷」的地圖原封不動搬移過去，甚至吸引了原本NEXON不太感興趣的人，只要輸入資訊，就會發給一張類似號碼牌的東西，當輪到你時，就會問問你造訪的原因，如果回答說：「因為對UX有興趣。」就可以到UX工作群排隊面試。所有的引導都和現實空間一樣。在結束面談後出來如果遇到別人，也可以互相交換意見，就像在實際生活空間進行的一樣。

LG的員工如何從汝矣島前往美國呢？

LG 電子於二〇二一年與位於匹茲堡的卡內基梅隆大學合作，進行員工教育。本來預計等疫情結束後，大大地舉辦，但沒想到疫情絲毫沒有平息的跡象，於是決定在元宇宙平臺上舉行。

首先，當LG電子的員工進入LG的雙子塔大樓時，就會出現機場，並且配合時事設置了接種疫苗的地方，疫苗設定只需打一劑的嬌生，一切細節都不馬虎。員工在虛擬的「崔醫生」那裡打完嬌生疫苗後，就進機場乘坐LG專機慢慢爬升，接著會到達一個空間，那裡展示了LG引以自豪的各種商品。而且中間還準備了照片展示等相當多的活動。如果拉動閥門，就會有東西跳出來，轉盤也會轉動，飛機抵達時不會著陸，而是會被逼著穿戴降落傘硬著頭皮往下跳，接著便抵達卡內基梅隆大學活動現場。

活動現場進行演講、OX問答遊戲、發放獎品，還有許多有趣的遊戲，像輪流站在大氣球下看最後氣球會在誰的頭上爆破，我想這個遊戲勾起了許多主管的兒時回憶。到了晚飯時間，還放了很多煙火。後來我把這個場景給韓華集團看，他們很開心的說：「煙火是我們做的。」就像這樣，大家都可以在這個空間裡做任何事。活動的尾聲是拋學士帽，大家一起站上舞臺拋起學士帽，一起拍照留念。

許多製作元宇宙的公司都專注於使之與真實空間相同，但是在LG電子的活動中，卡內基梅隆大學和雙子塔在空間上距離甚遠，但只要打開LG電子的雙子塔大門進入，就能直接連接到卡內基梅隆大學。連接過程中展露出來的細節設計，打疫苗、坐飛機等場景的設置，讓人感覺非常過癮。如果只是去卡內基梅隆大學看掛在牆上放映的演講、影片、自己完成所有事情的話，一定會覺得很枯燥無趣，但是因為有很多參與型的活動，可以聚在一起聽故事、進行對話、拍照等，有「屬於我的敘事」真的非常有趣。

和線下舉辦的實體活動相比，只有一個令人遺憾的地方，那就是無法吃到桌子上的美味食物，除此之外，幾乎是一個沒有什麼可挑剔的活動，實際上員工們也認為超出了期待。

這不是遊戲嗎？

再來談談二〇二一年七月進入韓國的「機器磚塊」（Roblox）吧，目前被認為是元宇宙代表的Roblox，原本是以遊戲起家的平臺營運商，最有名的遊戲就是「機器磚塊」。在進軍韓國的同時，成為與遊戲相關的法律、元宇宙立法的導火線，因為若將機器磚塊單純視為遊戲，該平臺在韓國就無法正常運作，因為韓國不允許將遊戲內的道具、虛擬貨幣兌換成現實中可以使用的貨幣。但是在機器磚塊裡，很多人會銷售數位商品，並將從中獲得的「Robux」（機器磚塊中的虛擬貨幣）的利潤，可以合法兌換成美元。機器磚塊引入了遊戲以外的各種功能，表明該公司的平臺並非只是遊戲的立場。

二〇一八年，恩斯特．克萊恩（Ernest Cline）創作的小說《一級玩家》（Ready Player One）出版，續集於二〇二〇年十二月以《二級玩家》（Ready Player Two）為題出版，機器磚塊配合這本書的出版做了非常新穎的活動。在機器磚塊虛擬世界中隱藏了幾個寶物，並舉辦一場尋寶，找到寶物的人可以獲得各種數位商品。像這樣尋找道具的活動，讓一級玩家的狂熱粉絲們蜂擁而至，引起騷動。

沉迷於創意的樂趣

事實上，我認為韓國目前對元宇宙最苦惱的企業集團應該是娛樂、表演領域。從本質上來說，他們擁有最容易轉移到元宇宙的內容，而消費這些內容的群體也是會造訪元宇宙可能性很高的一代，因為雙方很契合，一場場以虛擬空間為舞臺的演出和展示接連不斷進行。

二〇二一年八月流行歌手亞莉安娜（Ariana Grande）舉

行的演出曾以Epic Games的人氣遊戲「要塞英雄」(Fortnite)用戶為對象進行虛擬演出，受到了粉絲們的熱烈響應。

但在韓國國內，對這樣的虛擬演出也持有否定的看法。如果是我喜歡的歌手，就應該親自去他的演唱會，親眼看他表演，親自聽他的聲音。這是擁護現場真實感的立場。事實上，觀眾共同存在於某個空間中所感受到的價值是相當可觀的。到了虛擬世界，它在線下的價值肯定會下降。無論3D渲染多麼炫酷，即使表演者以巨人的形式出現，觀眾也感覺不到與表演者處於同一個空間。

但也有相反的一面。在亞莉安娜的元宇宙表演中，歌手以巨人的樣貌出現，觀眾擁有自己的化身，近距離跟隨歌手觀看表演。這時候，觀眾可以享受到更像遊戲的體驗，比如在水滴上飛翔，而不是像一般演唱會一樣坐著不動，還可以有更多參與。例如，如果歌手爬上希臘神殿的臺階，歌迷為了追上，必須通過像迷宮一樣的路徑才能追上。雖然不能感受像真實演出一樣的臨場感，卻可以體驗各種互動。比起現場的真實感，有些觀眾會偏好選擇可以玩遊戲的創意性樂趣。

元宇宙演出的另一個優勢是經濟方面，這些演出大部分都是免費的。但是，看表演自然會促進消費，因為觀看表演會產生購買炫酷化身服裝或數位商品的慾望。少則幾百萬人，多則超過一千兩百萬人同時進入。假設約一千萬人，如果在看表演的同時也同步消費，獲利相當可觀。

二〇二一年的美國運通卡活動中，演出結束後進行特別拍賣會，將表演影片剪輯成好幾段，每段影片中都加入了NFT，拍賣給個人。也就是讓顧客將演出可以作為個人收藏。另外，部分影片還只能持美國運通卡才能購買，讓信用卡卡友感受到與眾不同的禮遇。

從上述兩個事例來看，執行的公司可以說是「中獎」了。但是，這對實際從事表演行業的人也會造成致命的打擊。換句話說，音響工程師、製作經理、售票員和廣播員會在瞬間失去工作。的確，元宇宙的表演為韓國的表演娛樂產業帶來了巨大的變革。

插上虛擬與真實的雙翼

我最近看過的元宇宙活動中，最讓人震憾的莫過於「異世界女團」的選秀活動，從名稱就透露出不尋常的氣息。

就像選秀節目一樣，進入平臺後，參賽者就會出來唱歌，評審委員評分，觀眾即時觀看並留下意見，這些意見會傳送到 YouTube。和以往的選秀節目一樣。選秀主辦方與事先準備好的經紀公司一起合作，讓優勝歌手出道。但這不是由大型電視臺，而是幾名 YouTuber 策劃的節目。

任何人都可以參加選秀，如果是便利商店的工讀生，可以在打工結束後參加。即使白天度過了疲憊的一天，也可以在舞臺上打扮得漂漂亮亮，展現驚人的唱功。因為是元宇宙，所以才有可能。舞臺是虛擬的，服裝也是虛擬的，所有的一切都是虛擬，可以盡情享受。這種節目會不會比電視播出的收視率還低？並沒有，它的點閱率從五十萬到一百萬不等，比一般電視臺的節目更受歡迎。

這樣一來，線下的演出場地和節目必定面臨變革，那麼線下演出是否只能無奈地逐漸消失？

雖然目前網路商城正成為主流，但線下百貨公司並沒有消失，線下演出也不會消失。準確地說，網路購物本身並不能稱為元宇宙，目前美國網路購物的比重只有百分之二十左右，人們還是看好線下的價值。

但是如果元宇宙發展起來，情況會不會有所改變呢？雖然對線下的需求可能會減少一些，但顧客透過實際和虛擬將有更多樣的體驗，所以需要兩者兼顧。

事實上，元宇宙也被稱為是各種創作藝術家的基地，連實體製作服裝的企業也在進行嘗試，其中美國的網路時尚平臺企業「Clothia」就獨樹一格。在這個平臺上，對於在日常穿著來說設計過於誇張的數位服裝，用以太坊進行拍賣，如果得標就是我的衣服了。

有趣的是，Clothia 平臺會把數位服裝製作成實際的衣服寄給顧客，這是同時滿足虛擬和真實的慾望。顧客可以同時品味兩個概念的獨特嘗試：線下買衣服和消費元宇宙數位商品。

也就是說，元宇宙的數位資產本身固然會改變線下消費，但卻很有可能會發展成各種意想不到的合作方式，而並非只是無條件縮小或消除線下消費。

元宇宙絕不回頭

元宇宙現在對我們來說還是一個新奇的概念，但它也已經成為一個貼近我們日常生活的概念。在這一點上，圍繞元宇宙最重要的問題就是這個：元宇宙會持續下去嗎？

從歷史上來看，元宇宙的重要技術之一——VR 早在一九三〇年代就出現了，但是此後人們對 VR 的關注度一直呈現出時高時低的規律性。因此，雖然目前因新冠疫情不得不過著非面對面生活，使得元宇宙的影響力擴大，但有人認為隨著將來疫情趨緩，預計會回到二〇一九年的情況。

但是我的想法不同。當新技術或新產品上市時，市場不會一下子全然接受，在大多數自由主義市場經濟中，消費者接受新技術是有順序的。一九九五年，根據埃弗里特·羅傑斯（Everett M. Rogers）採納新產品的順序，將人類分為五種類型，因此，消費者接受新技術的順序就分為五個階段。

第一個是「創新者」（Innovator），這些人顧名思義就是進行革新性思考的人，他們無條件地嘗試新事物來得到釋放。第二個是我們熟悉的「早期採用者」（early adopter）。他們會在網上認真留言，然後轉發到社交媒體上。但是他們即使用過，也不代表市場一定會立刻接受。為市場帶來最多收益的大型消費者集團是「早期大眾」（early majority）和「晚期大眾（late majority），分別佔了百分之三十四，佔整體市場的百分之六十八。這些人不會因為早期採用者使用過後就立即消費，他們最看重的是所謂的 CP 值，只有符合價格的明顯效益時，才會將產品放進自己的口袋。而最後進入消費的群體是「落後者」（laggards）。

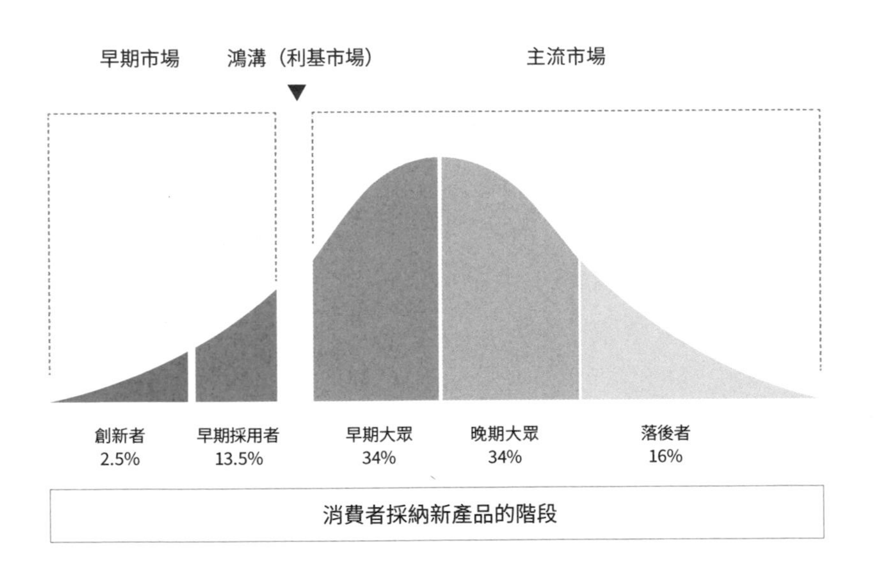

換句話說，二〇一九年就有元宇宙，只是之前我們沒有使用過，也不知道它是不是真的好用。但二〇二〇年面對疫情大流行，許多人不得不戴上基本的網路攝影機，並開始嘗試使用元宇宙。這是我們經驗發生的地方，這種經驗甚至通過學習改變我們的思維。「真的有必要舉辦徵才大會，每次聚集兩千人嗎？」「教授們有必要花二十個小時坐飛機去很遠的地方，只為了開兩個小時會議嗎？」

事實上，不用到處奔波這一點變得非常方便，這是以前我們不知道的事。但是現在有了經驗，也認識了元宇宙，即使元宇宙不會百分之百改變我們的日常生活，但在很多方面可以幫助我們。雖然目前還很難準確預測市場的速度，但市場絕不會倒退，無論如何都會向前滾動。因此，在未來元宇宙也會繼續存在的前提下，對創業者和求職者來說，累積多樣化的經歷，對構思未來是有好處的。

支配新時空

那麼，元宇宙未來會走向何方呢？首先，我們來看看德國奧迪汽車公開的 VR 平臺。奧迪嘗試用元宇宙來改善乘車者的體驗，取得很好的成果。當乘客佩戴與車輛連接的 VR 坐在車內時，可以愉快地享受影片而不會暈車。即使載著孩子開車跑了兩個多小時，孩子也會在沒有任何晃動的車內，沉浸在 VR 世界中努力打殭屍後，不知不覺就到達目的地了。VR 還可以與車輛的運行相連，車輛向右行駛時，乘客會像坐著始祖鳥向右飛行；汽車向左轉彎時，又乘坐始祖鳥向左轉，讓乘車體驗變得有趣。

我被奧迪公開的這個影片迷住了，甚至對奧迪汽車的認知度更上一層樓。奧迪實際上正放眼更遠的未來，就是無人自駕車時代。韓國國內汽車最終也將走向無人自駕時代。但是即使那個時代來臨，行車時間也不會縮短。從首爾到釜山，以時速一百公里行駛的汽車，不會突然以時速兩百公里行駛。但是假設從首爾到釜山需要五個小時，那麼我們感興趣的是乘客會對什麼樣的內容進行消費。

在行駛過程中，乘客們會像現在一樣觀看 Netflix 或收聽 MBC 廣播嗎？絕非如此，汽車品牌將盡一切努力想支配這個時間。雖然現在可能覺得好像沒什麼大不了的，但日後無人駕駛時代來臨時，汽車內的空間將是一個全新的、多樣的體驗空間。

能識別我的情緒和慾望的元宇宙

自動駕駛汽車被當作科幻小說來談論的日子已經一去不復返了，許多我們只能在腦海中想像的事情正在變成現實。在我們的社會中，有許多尚未進入市場但已被認定為專利的想法或產品正在等待著，接下來讓我們來看看企業目前擁有的一些有趣的想法。

現已更名為 Meta 的臉書，即將發布 AR 眼鏡「Smart Glass」，甚至正在考慮 「AR 帽」，以類似遮陽帽的設計，在裡面疊放一個鏡頭，當放下鏡頭時，擴增實境就會展開。帽型設計的好處是可以放入更多的機器，並且可以增加電池尺寸，成為一個性能不錯的處理器。

二○一一年，由特斯拉首席執行長馬斯克（Elon Musk）

設立的新創公司「Neuralink」，公開一支 YouTube 影片成為熱門話題。從公開的影片中來看，一隻名為「Pager」的九歲猴子正在打乒乓球。實力不容小覷。這個影片的重點不是現在猴子也能打乒乓球或人類可以和猴子比賽，猴子到底怎麼玩才是關鍵。

在學習階段，猴子當然會根據某種獎勵被訓練去學習使用操縱桿（joy stick），只要擊球，就可以得到吃的，這個印象會植入猴子的腦海中。然後在某個時刻，猴子就開始使用假操縱桿。最後，Pager 透過植入大腦的晶片，僅用「想法」就能操作遊戲。

元宇宙是超越現實、時空顯示的新世界，在超越現實的盡頭，不可避免會產生一種想法：能不能直接向人腦發送和接收信號的東西連接起來。但現在這些可能性似乎會比預期更早實現。當然，目前還不可能將晶片植入人腦中，所以現在正嘗試一些較安全的方法。

例如，一家名為「Kernel Neurotech」的公司開發了一個智慧機器，造型像治療脫髮的帽型儀器，只要戴上它，儀器就能讀取我們的情緒或想法。換句話說，只戴上了這頂智慧帽子，就是準備迎接一個無需觸碰遙控器即可舒適地看電視的時代了。它會記住上次我在情感上感受比較多或集中的內容，然後播放能有類似感受的內容。另外在看電影時，也可以編輯和播放使用者喜歡的場面。例如，如果使用者對浪漫場面感到厭倦，儀器就會察覺到，而先刪除浪漫場景，將內容製作成動作片。

這家公司夢想的未來是透過忠實追隨人類情感來謀求生活效率。目前，越來越多的公司正在嘗試解讀人類的想法和情緒。如果我們在這裡再進化一點，是不是也可以反過來把某種信號輸入到人的腦袋裡？像這樣驚人的煩惱將推動未來。

沒有偏見互相擁抱的世界會到來嗎？

現存的元宇宙和未來可能出現的元宇宙，正引領我們進入新世界。我不禁想知道，這將如何改變我們的生活。

在一個我們雖然相隔很遠但仍要一起工作的世界裡，居家辦公在我們的社會中早已司空見慣。居家辦公的概念已經是一種過時的表達方式，在自己的空間工作已成為默認，在教育和學習方面也正在經歷重大變革。與現在老師在前面授課、學生在後面上課的教育體系相比，線上課程的效率要高得多。學生可以在自己方便的時間上課。如果所有討論和學習都在網路空間裡進行，那麼就等於真正開啟了以學習者為中心的世界。

數位資產又如何呢？到目前為止，包括藝術領域在內的一些更具開創性的人正在交易他們的內容，但在未來，一個可以從我們所有的日常經驗中逐項列出和交易數位資產的世界將會到來。

消費也會發生很大的變化。例如我通常一年買二十件左右的衣服，在元宇宙時代就會比較少，可能減少到十五件左右，剩餘五件的預算，可以購買二十件數位服飾，為我的虛擬化身置裝，這樣我總共有三十五件衣服。我消費得更多，但是工廠製造產生的碳會減少，像這樣如魔法般的事可能會發生。

這種創新將延伸到整個產業，如此一來，我們的社會將朝向生產更少、消費更多的方向發展。我們不必聚在一起就能工作，不用見到彼此也能學習，汽車和飛機逐漸只運行短距離，如此一來，地球長久以來的問題——節能減碳就會實現，環境問題也會逐漸得到改善。

而且在這些變化中，期待人類本身也能培養出對對方的包容性。我曾經與一個學生在元宇宙空間進行諮詢，不知道為什麼當時覺得那個學生的表達方式有點彆扭，諮詢結束後我問了他，他說是外國人。當時我就想，如果我在教室或 Zoom 空間見到這個學生的話，可能會根據人種產生一些先入為主的想法。但是在元宇宙的空間裡，由於彼此都是以虛擬化身見面交流，因此就不會有這種毫無用處的偏見。

元宇宙可訪問性的擴大和接近，但在成為我們周圍許多人使用的平臺之前還有很長的路要走。不過，在未來，當元宇宙完全融入日常生活的世界時，我們似乎就可以藉此擁抱更多的人。

比身體更遠的「心靈距離」

在元宇宙時代，各種職業都會發生變化。有工作崗位消失，但消失的工作崗位可能只有在創造更多新的工作崗位後，才會在歷史的陰影中淡出。所以期待能給更多的人帶來更好的機會。當然，任何事都同時存在積極和消極的一面。那麼元宇宙會帶來哪些負面影響呢？

由於工作性質的關係有時會參與紀錄片製作，那次拍攝一個家庭，我們在那家人的家裡設置攝影機觀察他們的生活，一個家庭內部關係赤裸裸的呈現，四口之家住在四十坪左右的公寓裡，晚飯時間，一家四口像電視劇裡演的一樣吃晚飯，爸爸、媽媽、兩個孩子以端正的姿勢坐著默默地吃飯，就在用餐時間結束的同時，一家人各自分開。父親通常靠在沙發上或上床躺下，而孩子則坐在書桌前，每個人都用電腦、平板電腦、手機等沉浸在自己的世界中。

看完影片記錄後，我採訪那家人，分別問他們晚飯後都做了什麼。我問父親，老大在那段時間做了什麼，父親說：「老大可能是在玩『Minecraft』。」然後再問父親：「你知道 Minecraft 是什麼嗎？」他說：「那不是遊戲嗎？」即使告訴他那是可以創造多種世界的空間，父親也只會說：「喔，是嗎？」

現在再向孩子詢問爸爸的情況。孩子說爸爸每天晚飯後都躺在沙發上看 YouTube，如果再問爸爸在 YouTube 上看什麼，孩子就不知道了。

一不小心，元宇宙就會帶來意想不到的孤立感，雖然在空間上看起來好像大家都在一起，但心理距離和經驗距離卻會變得越來越遠。即使在同一個空間，也會加速孤立。

元宇宙新型犯罪

元宇宙造成的另一個負面因素與犯罪有關。現在基於元宇宙的詐騙犯罪或以目前法律常識難以規定的各種不便犯罪也在增加。

例如，在一個平臺上進行一場小型演出，觀眾席上站了近一百人，然而有一個男性化身緊貼在一個女性化身後面，在身體過於貼身的狀態下，一直做出打招呼或揮手動作，這是明顯的性騷擾。實際上，女性化身也不會把男性化身緊貼著自己的行為視為善意。像這種以前無法想像的各種不便、不好的事情，已開始在元宇宙中發生了。

其實在元宇宙時代，最令人擔心的是現實和我的關係。元宇宙對我們來說到底意味著什麼？元宇宙是個可以讓我完全脫離現實、不顧現實的自由解放空間嗎？還是為了更好的生活而追逐調整現實的另一種現實企劃空間？如果只把元宇宙視為脫離現實的解放空間，我們不禁要擔心會發生越來越意想不到的負面結果。

我要走的路由我來創造

撇開個人好惡不談，透過元宇宙，文明的過渡期確實到來了。那麼，在元宇宙大行其道的當下，我們每個人又該作何準備呢？你將不得不學習數位技術和熟悉平臺功能，但最重要的是學習元宇宙中新的溝通技巧。我們必須認知到，我們與他人我與世界交流的語言正在發生變化，我們必須積極應對。

此外，在新的元宇宙時代，對工作的看法將不得不改變。縱觀過去的人類歷史，每一次產業大變革都大量產生就業機會。搶佔大公司創造的工作崗位一直是人類的行為。

然而，在元宇宙時代，各種各樣的工作機會層出不窮，現在不是去找別人創造的工作的時候，必須自己創造機會，才是更好的順應時代潮流的方式。那麼，我們不就成為創造自己機會的創意工作者了嗎？是的，進入元宇宙時代，我強烈推薦自我創造工作機會。

元宇宙真的能保證幸福嗎？

二〇二一年做了一個以三千多人為對象的調查：「元宇宙的盡頭會是什麼？」最多的回答是，如果元宇宙持續發展，電影「駭客任務」（The Matrix）的世界就會到來。所以我又問了，那麼，就像「駭客任務」電影中設定的那樣，如果要在「紅藥丸」和「藍藥丸」中選擇，你會吃哪個藥丸呢？也就是說，是要選擇進入駭客帝國還是停留在現實中？人們究竟會做出怎樣的選擇呢？

選擇的比率是六比四，選擇進入元宇宙的人有六成，留在現實的人有四成。這個比率通常是恆定的。無論對哪個組織以哪個數量的人為對象詢問，結果都差不多。而且屬於那六成和四成的人一樣對結果感到驚訝。無法理解與自己做出不同選擇的人在想什麼。當問及他們做選擇的理由時，六成的人說駭客帝國比較快樂，四成的人說留在現實比較幸福。

畢竟，人類的目標是追求幸福。因此，元宇宙只是人類獲得快樂的一種手段。創造一個快樂的世界和一個快樂的我的願望將人類帶到了元宇宙。那麼，在元宇宙的末日問題中，我們要解決的任務就是這個：我們在個人和社會上尋求的幸福是什麼？元宇宙對通往幸福的道路有何影響？還有，誰來決定元宇宙走向幸福的方向？

新世界像夢境般出現，想必還有很多人仍覺得不真實，但我們必須保持頭腦清醒，我們是這個充滿新奇和可能性的世界的主人。為了充分享受元宇宙時代，需要更多的創意。不要忘記，現在是時候為自己鋪平道路，而不是只乖乖地走別人告訴我和教導我的道路。希望在這個人人都享受化身主角的時代，能夠盡情地使用元宇宙這個工具。

Interview

不要忘記成為世界主人的路就在元宇宙。

金美敬 × 金相均 × 鄭智勳

金美敬　人文熱潮已經在我們的社會肆虐了一段時間，現在看來，科技熱潮的時代已經到來。

鄭智勳　因為對於三十～六十歲的人來說，這是一個如果不馬上學習現在先進的技術就會落後的世界。積極的生活態度似乎引起了人們對技術的極大興趣。

金美敬　首先，希望先從元宇宙的定義開始分析。元宇宙是什麼？

金相均　它是「我」的象徵。這代表我可以與自己的化身一起生活的任何數位空間。

金美敬　按照我的理解說明的話是這樣的，元宇宙就像是多了一個可以做生意的市場。不管釜山、大邱等遙遠的地方，在線下邊跑邊講課。如果說在現實中活動的空間是第一個空間，那麼下一個我可以活動的舞臺就是數位空間，也就是元宇宙。雖然有像YouTube那樣2D的市場，也有Zoom一樣一對一的網路空間，但元宇宙是3D，就像個人遊戲空間一樣運作的地方。一次元的線下市場和虛擬現實市場相結合，又出現了另一個活動舞臺。

金相均　我常把元宇宙比喻成新大陸。就像哥倫布發現新大陸後，人類社會有了巨大的發展一樣，透過建立元宇宙，就會產生無限的新領土，在這個領土上當然會創造出巨大的新機會。

金美敬　那麼我們如何解釋元宇宙和遊戲之間的關係呢？

鄭智勳　文中有對技術接受週期的解釋，這裡打了很多比喻說落入「鴻溝」，指的是市場進入之初，需求暫時停滯，直到新產品流行起來。元宇宙也是如此。這也被說成是一個新進引入的概念，但實際上，它自古以來就在一點一點地演變和發展。
如果遊戲是純粹創造的數位世界，那麼遊戲已經存在了很長時間。在一九七〇～八〇 年代，在路邊雜貨店門口的電子遊樂臺很多人打「小蜜蜂」。隨著時間推進，出現了豐富多彩的娛樂活動，並且越來越進化。雖然還是2D的，但是可以說遊戲的層次提高了，比如電影「無敵破壞王Wreck-It Ralph」的上映，就好像說明了遊戲世界一樣。現在，隨時隨地都可以玩遊戲，隨著高解析度的3D遊戲的出現，遊戲已經非常貼近我們的日常生活。

最後，以遊戲為代表的數位世界越來越大，越來越真實，擴展到了元宇宙的概念。換句話說，遊戲世界的擴展可以看作是一個元宇宙。

金相均　我有一本書的書名叫《遊戲人》。玩遊戲的人類甚至製造了元宇宙， 喜歡玩遊戲的人也可以說是元宇宙的先驅。

金美敬　如果遊戲產業進入日常生活，是否意味著我所做的事情就像遊戲一樣發生？如果我做的是賣衣服，那麼在元宇宙裡，賣衣服就像遊戲一樣，對吧？

鄭智勳　是的。縱觀科技發展史，很多科技都受到了遊戲的影響。例如最早由美國國防部研究基金開發的網路早期核心技術，就是利用工程師們喜歡的名為「太空戰爭」（Spacewar）多人遊戲開發的技術創造的。現在來看，它是一個非常原始的遊戲，但它實際上是網路技術的基礎。

金美敬　確實，似乎要透過遊戲而非工作才會有比較多人參與和發展。

金相均　是的。許多我們知道但不瞭解的概念都來自這個遊戲。機率的概念也起源於紙牌遊戲。機率是由數學家創造的，用來計算紙牌遊戲中途結束時誰會贏。要不是有這個機率，連汽車都坐不了，因為汽車、輪船、飛機等所有移動方式都有基於機率為基礎的保險服務，系統地管理和利用車輛造成的事故風險。這就是為什麼如果沒有遊戲，我們就無法走出原始時代。

金美敬　說到具體的元宇宙，我對AR和VR的概念還是有點混淆。

鄭智勳　如果說 VR 是一個完美的虛構世界，那麼 AR 就是一種將虛擬資訊添加到現實世界的技術。當然，元宇宙是一個VR概念，總而言之，是七大科技中的六種先進科技才能達到的領域。它可以被視為技術世界的綜合藝術。

金美敬　元宇宙最重要的是賺錢，製作化身能賺錢嗎？

金相均　創造空間本身就是一門生意。說要舉辦活動，現有的公司都想進來，但聽說最近沒有足夠的位子。這就是為什麼新的建築師事務所和建築公司如雨後春筍般湧現的原因。

金美敬　誰在那裡工作呢？

金相均　主要是年輕創作者，他們中有真正的建築系學生，也有哲學系學生。

鄭智勳　據說出現了元宇宙整形外科醫生、元宇宙建築師、元宇宙時裝設計師等，其中服裝設計師和建築師們原本在模擬領域有經驗的人可以做得好，但元宇宙整形外科醫生需要的技術與模擬完全不同。

金美敬　元宇宙整形外科是整形化身的地方嗎？

鄭智勳　是的。我也利用Metahuman Creator製作過我的虛擬化身，但無論怎麼用3D修改，都很難製作出我想要的臉，所以交給專家。但就創建自己想要的臉這一點來看，元宇宙整形外科醫生應該必須是善於運用3D的專家。

金美敬　元宇宙確實是一個新市場。如果是的話，我覺得對二十多歲～四十多歲的每個人都可以公平進入，我如何在元宇宙世界獨立賺錢或創業？

金相均　製作虛擬化身也是工作，化身使用的各種道具也變成了金錢。而且雖然不是在元宇宙上直接進行交易，但是把NFC加入各種數位產品中進行銷售也可以成為一種工作。另外，設計經驗也是可能的。例如像本文中說明的LG電子活動一樣，從雙子塔開始設計到達卡內基梅隆大學的路線也是可能的。

金美敬　設計經驗本身就是一門生意，所以看起來應該可以進行多種事業。網路漫畫作家的故事可以在元宇宙中體驗，而3D設計家則實現這些體驗。如果是這樣，元宇宙內部似乎也充滿了改變生態系統的可能性。

鄭智勳　當然。我曾經參加過用3D製作的動畫偶像兩個小時的免費VR演唱會。但是免費座位是後排座位，去前排座位需要儲值才行。而且，吹響喇叭聲等可以互動的機會免費提供三次，之後就要付費。與歌手握手等多種多樣的福利也都是收費的。如果是鐵粉，應該會在這裡頭花很多錢。

金美敬　如果喜歡歌手表演穿的服裝，可以馬上購買。我覺得我們可以建立一個點擊一下就可以付款的系統，讓這樣的人花錢更舒服一點，或者限量發售，刺激他們的購買慾望。事實上，當元宇宙和商務結合，就會成為一個巨大的市場。

鄭智勳　在區塊鏈技術中，NFT技術是對數位商品進行限制，如果進行了限制，那麼與商業的對接就會容易很多。最終，七大科技全部連接起來。

金美敬　目前，我們正在與SK一起構思和製作「元宇宙MKYU 校園」，如果校園設計得當，有很多學生來參觀，我們可能會出售MKYU商品或配件。那麼，是不是可以在我們內部再創造一個完善的商業生態系統呢？

如果是這樣，您預計這個元宇宙市場需要多長時間才能擴展到每個人都能舒適地使用它？

金相均　Minecraft、ZEPETO等平臺已經開啟了個性化設計之路，總體而言，大部分平臺都在朝著開放個性化設計的方向發展。看來應該是已經在進行中了。

鄭智勳　如果將遊戲功能納入ZEPETO，法律問題將成為障礙。目前遊戲內物品交易是違法的，那麼在元宇宙中買賣物品有區別嗎？如果它們相同，則這兩個定律是衝突的。事實上，最反對交易遊戲道具的是三十～六十歲的女性，因為認為兒童遊戲應該受到嚴格監管。

金美敬　但是，我對嚴格規範遊戲和禁止使用智慧型手機是否正確持懷疑態度。現在所有的行業都在智慧型手機上製造，Naver、Kakao、谷歌都在手機上，所有的孩子都想在這些公司工作。如果不進入這些企業，瞭解這一趨勢，不就跟不上時代嗎？

鄭智勳　沒錯。我們還必須認識網路和虛擬世界的優勢，元宇宙的代表性優勢是沒有歧視。這是一個種族或年齡無關緊要的地方。事實上，元宇宙是唯一可以讓各個年齡層的人沒有隔閡的空間，最終，交流的範圍會更廣、更多樣化。

金美敬　那麼，有沒有什麼院系或學院可以讓你精通元宇宙？

金相均　還沒有特定的學科或大學，因為目前還需要綜合性的學習。這好比你需要研究各種實體的建築，還需要研究認知心理學來讀懂人們的想法，才能設計出適合人的建築。目前不可能將所有的領域都研究精通達到專家水準，但是可以一點一點地研究，把它變成你自己的。廣泛而多樣的研究是必不可少的，這樣我所學的東西才能適當地融合，產生良好的結果。就個人而言，我學習寫作是因為我對寫小說感興趣，而這種經歷本身對設計元宇宙很有幫助。

鄭智勳　隨著人們對元宇宙興趣的增長，似乎教育領域會發生很多變化。目前，我們重點關注的學科是理工科和社會科學，文科相對被忽視。其中，文學是書呆子最典型的例子，藝術和體育領域也同樣如此。但是，隨著元宇宙時代的完成，我想文學藝術和體育是可以建立文化基礎的領域。

金美敬　最終，我們應該成為「專業學生」，不斷向前奔跑。我們要培養終身學習的力量，才不會在剛剛出現的未來就落伍了。

金相均　是的。希望大家努力鑽研元宇宙，一點點拓展自己的領域。永遠不要忘記，成為世界的主人的道路就在元宇宙中。

改變人類未來的七大科技革命 / 金美敬、金相均、金世奎、金昇柱、李京全、李翰柱、鄭智勳、崔在鵬、韓載權著 ; 馮燕珠譯 . -- 初版 . -- 臺北市 : 八方出版股份有限公司 , 2023.06
面 ; 公分
譯自 : 세븐 테크 : 3년 후 당신의 미래를 바꿀 7가지 기술
ISBN 978-986-381-235-7(平裝)

1.CST: 科學 2.CST: 科學技術

400 112008166

改變人類未來的七大科技革命

2023 年 07 月 27 日 初版第一刷 定價 460 元

作　　者	金美敬、金相均、金世奎、金昇柱、李京全、李翰柱、鄭智勳、崔在鵬、韓載權
譯　　者	馮燕珠
總 編 輯	洪季楨
編　　輯	張恆維
美術編輯	王舒玗
發 行 所	八方出版股份有限公司
發 行 人	林建仲
地　　址	台北市中山區長安東路二段 171 號 3 樓 3 室
電　　話	(02) 2777-3682
傳　　真	(02) 2777-3672
總 經 銷	聯合發行股份有限公司
地　　址	新北市新店區寶橋路 235 巷 6 弄 6 號 2 樓
電　　話	(02)2917-8022 (02)2917-8042
製 版 廠	造極彩色印刷製版股份有限公司
地　　址	新北市中和區中山路二段 380 巷 7 號 1 樓
電　　話	(02)2240-0333 (02)2248-3904
郵撥帳戶	八方出版股份有限公司
郵撥帳號	19809050